LA CUISINE JAPONAISE ILLUSTRÉE

楽しい和ごはん

圖繪日本料理

洛兒·琪耶(Laure Kié) ——— 著

貴志春菜(Haruna Kishi) ——— 繪

盧慧心 —— 譯

SOMMAIRE 目次

LA CUISINE JAPONAISE
日本料理篇

AUTOUR DU RIZ
米食篇

AUTOUR DES NOUILLES
麵食篇

焼きそば

AUTRES PLATS PHARES
其他經典菜餚篇

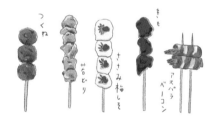

CUISINE PAR THÈME
主題料理篇

PÂTISSERIES ET BOISSONS
甜點與飲品篇

INDEX DES RECETTES

日本料理

日本料理篇

LA CUISINE JAPONAISE

聯合國將日本料理（和食）登記為非物質人類文化遺產。千年來的傳統使日本料理成為唯美的飲食文化珍寶。除了營養可口外，還有日本料理最獨特的一部分：「旨味」。旨味是甜、鹹、酸、苦外的第五感，可以翻譯成「美味」，亦能賦予每道菜餚層次。

けんちん汁

卷織湯

鰹節

柴魚片

斜めもり

斜切法

梨

梨子

LE REPAS FAMILIAL
家常菜

家族でごはん

一餐的組成

在日本，米飯（ご飯）代表正餐，米飯在日本料理中扮演著重要的角色。餐點通常包括：一碗白飯、一碗味噌湯、一份蔬菜，以及一份蛋白質（魚、肉或豆腐）、一份生菜、一份漬物（由蔬菜醃製而成），最後以一份水果作爲餐後甜點，飲料則是茶、啤酒或清酒。

芝麻醬拌秋葵

豆渣蔬菜

味噌湯

（見P.23）

燉鹿尾菜

一碗飯

炸雞塊

早餐

朝ごはん

玉子燒
（見p.52）

漬物
（見P.24）

煎鹹鮭魚

海苔

白飯

味噌湯

在日本，傳統早餐是吃鹹的，其中包括味噌湯跟白飯、漬物、海苔，甚至一塊煎魚。但是現在也有越來越多家庭接受歐陸式的早餐。

午餐

漬物
（見 P.24）

冷豆腐

味噌湯

白飯

煎魚
（見P.80）

ごはん

醬油

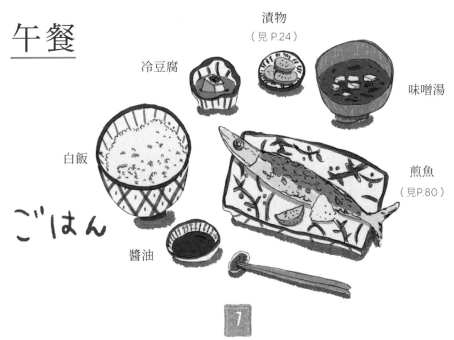

KAISEKI-SHOJIN RYORI
懷石精進料理

懷石料理：日本料理的國粹

依季節選擇不同食材，審慎挑選食器的外觀、質地，這不只是日本的高級美食，也是一種繁瑣的儀式。在懷石料理中，視覺享受跟味覺享受同樣重要。

懷石料理由各式小點組成，成功的佳餚應該盛在與餐點相襯的小盤上，提供各式各樣的口感（爽口、酥脆、入口即融、軟黏……），並以各種手法（煎烤、燉煮、生切……）烹調出不同滋味。

懷石餐廳外觀

懷石

秋季的懷石料理

精進料理：寺廟料理

飲食文化是禪宗的重鎮。禪宗道場中的廚師（典座），重要性僅次於住持，他掌握著精進料理（寺廟料理）的一切，精進料理顧名思義就是「提升修行」，不只能增進身體的健康，還能提高精神境界。

佛寺裡的精進料理當然是素食的，因為他們禁止殺生。但他們並不僅僅設下這個規定，還必須使用當地、當季的自然食材，不使用基因改造產品，避免浪費。總的來說，就是必須做出最貼近自然的料理。

最具代表性的精進料理，應屬當季的炸蔬菜天婦羅，還有各種以豆腐為主的菜餚、燉煮蔬菜，以及眾所皆知的蔬菜豆腐湯：卷織汁。

胡麻豆腐

這種豆腐不是黃豆做的，是芝麻做的。用豆腐來稱呼它，因為它具有豆腐的質感。要做出胡麻豆腐，只要把磨碎的芝麻加上水、葛粉，在鍋裡混合煮成濃稠的液體，然後倒入模具裡放涼即可。

卷織湯

這是一道非常營養的湯品，使用高湯、香菇、昆布（見P.22）以及根莖蔬菜、豆腐煮成。

LES SPÉCIALITÉS RÉGIONALES
地方特産

日本の
特産品

螃蟹

京漬物
（酸黃瓜等）

湯豆腐
（豆腐鍋）

金澤
kana

大阪燒
（見P.96）

山口
Yamaguchi

章魚燒
（見P.97）

京都
kyoto

hiroshima
廣島

岐阜

河豚

博多拉麵（見P.65）
長崎蛋糕、海苔

Osaka
大阪

四國
shikoku

朴葉味噌燒
（在朴葉上燒烤的
味噌料理）

kyushu 九州

讚岐烏龍麵、
柚子、生烤鰹魚
（見P.81）

okinawa
沖繩

苦瓜（苦的小黃瓜）

苦瓜炒蛋（蔬菜炒蛋、肉）

昆布

海膽鮭魚子丼（丼飯上鋪滿海膽、鮭魚子）

hokkaido
北海道

清酒

小碗麵

Tohoku
東北

Nigata
新潟

芋煮（芋芳鍋）

稻米

江戶壽司、文字燒
（大阪燒的東京版本）

東京
Tokyo

Shizuoka
静岡

烤鰻魚、綠茶、山葵

在地理上，日本的南北縱貫線超過3,000公里，得益於遼闊的版圖，日本同時擁有不同的氣候，從堅忍的北海道之冬到熱帶的沖繩群島，提供了非常多樣化的飲食文化。

LA VAISSELLE

お皿　　　　餐具

在日本，餐具擁有特殊的地位，因為餐具是生活中的藝術品，也是日本飲食文化的一環，日本陶瓷是種歷史悠久的傳統工藝，每個家庭都擁有幾件日本的陶瓷珍品。

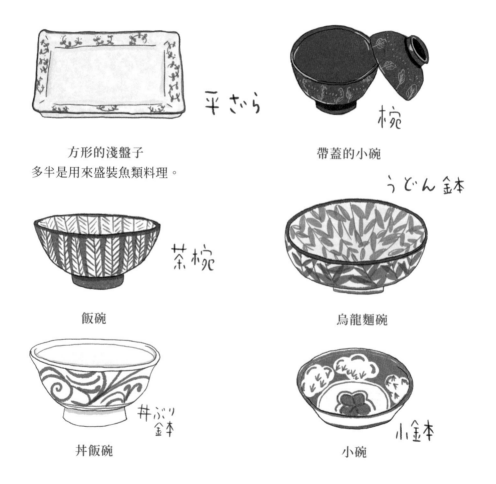

平ざら

方形的淺盤子
多半是用來盛裝魚類料理。

椀

帶蓋的小碗

茶椀

飯碗

うどん鉢

烏龍麵碗

丼ぶり鉢

丼飯碗

小鉢

小碗

急須

有柄的茶壺

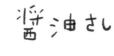
醬油さし

醬油瓶

土瓶

有提環的茶壺

湯のみ

茶杯

蕎麦猪口

蕎麥醬汁杯

箸置き

筷架

お鍋

砂鍋

LES USTENSILES & LES BAGUETTES
廚具與筷子

道具

日本的廚具跟其他地區所使用的廚具迥然不同，這裡有些方便了解的說明。

卵焼き器

お鍋

すり鉢

玉子燒煎鍋
長方形的煎鍋，帶著把手，
用來做日式蛋捲玉子燒。
（見P.52）

雪平鍋
帶長柄的小鍋，
附木製的鍋蓋。

研磨鉢
陶製、有齒槽的研磨鉢，
附木棒。

おろし金

鮫皮おろし

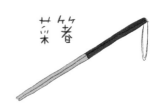

菜箸

銼板
沒有洞的銼板，
用來磨白蘿蔔、薑和大蒜。

山葵磨板
鯊魚皮製作的山葵研磨器。

料理用筷子
廚房內使用的木製長筷，
（比吃飯時用的筷子更長）。

ざる

寿司セット

壽司組合
包括用來製作醋飯（見P.33）
的木製淺盆，以及製作捲壽司
（見P.40）時用的飯匙（杓文
字）、壽司竹簾（捲簀）。

笊
竹製的日式篩網。

包丁：日本廚刀

這是日本廚房不可或缺的道具，因為每樣食材都需要切割成適當的大小才能用筷子輕鬆地進食。鋼刀的品質極佳，製刀則是由師傅代代傳承的特殊工藝，由媲美武士刀的刀身製成。

日本料理的典型廚刀，只開單刃，刀鋒是斜的。

出刃

刀身為長方形，能把蔬菜切成薄片。

菜切り

主廚刀。

牛刃

多用途的刀。

三德

生魚片用的長刀。

柳刃

箸

如何使用筷子？

1　將一根筷子擺在無名指指尖跟虎口之間，然後用拇指跟食指夾著，這根筷子是固定不動的筷子。

2　拿起第二根筷子，用拇指、食指與中指的指尖捏著。請一直讓兩根筷子保持併頭等高。

3　活動第二根筷子來挾菜。

使用筷子的禁忌：請別這麼做

將筷子插在米飯上／筷子叉起食物／用筷子移動碗盤／用筷子指著別人／同桌共享的料理，不要使用自己的筷子夾菜，應該使用公用的筷子。

LES INGRÉDIENTS DE L'ÉPICERIE
食材與調味料

材料

開始做日本料理之前，先熟悉他們使用的食材跟調味料是很重要的。由於大家對日本美食越來越感興趣，所以你很容易就能在各種地方買到這些日本料理的基礎食材。

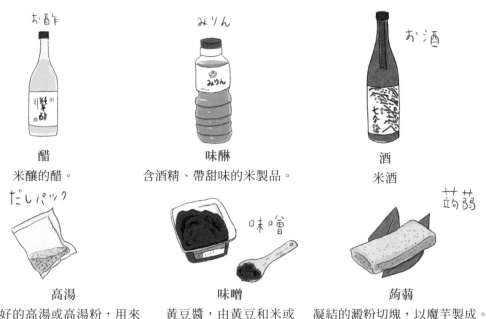

お酢

醋
米釀的醋。

みりん

味醂
含酒精、帶甜味的米製品。

お酒

酒
米酒

だしパック

高湯
熬好的高湯或高湯粉，用來煮湯或做砂鍋料理。

味噌

味噌
黃豆醬，由黃豆和米或麥子發酵製成。

蒟蒻

蒟蒻
凝結的澱粉切塊，以魔芋製成。

鰹節

柴魚片
鰹魚乾燥後削成薄片，柴魚是熬高湯的基本食材。

豆腐

豆腐
可說是豆漿製成的「乳酪」，由豆漿凝結而成（見P.83）。

梅干し

梅乾
與紫色紫蘇葉一起醃製的日本梅乾。

16

パン粉

麵包粉
日式麵包粉（見P.78）。

天ぷら粉

天婦羅粉
使用天婦羅粉，炸出來的麵
衣會特別輕盈（見P.76）。

マヨネーズ

日式美乃滋
QP丘比美乃滋。

とんかつ
ソース

炸豬排醬汁
炸豬排、可樂餅專用的醬汁
（見P.79）。

焼そば
ソース

炒麵醬汁
炒麵專用的醬汁
（見P.71）。

お好み焼き
ソース

大阪燒醬汁
大阪燒專用醬汁
（見P.96）。

やきとりの
たれ

燒鳥醬汁
烤雞肉串的醬汁（見P.95）。

お醬油

醬油

ぽん酢

柚子醋
日本柑橘（柚子、酢橘）跟
醬油製成的調味料。

LES FRUITS, LÉGUMES ET ALGUES
水果、蔬菜和海藻

日本の野菜

大根

白蘿蔔

日本料理的代表性蔬菜，可以當沙拉生吃、也能磨成泥。可以醃漬當作小菜，也可以煮熟當成主菜。

山葵

山葵

與芥末、辣根同科，使用根部，磨成泥後變成綠色有黏性的糊狀，是壽司的佐料。

椎茸

香菇

香菇是日本料理的固定來賓，椎茸（如圖）、鴻禧菇、金針菇廣泛出現在砂鍋、天婦羅、湯品中。

蓮根

蓮藕

蓮花的地下莖，充滿了氣洞，有如蜂巢一樣，可以油炸、燉煮、炒食，也可以醃漬成小菜。

茗荷

茗荷

薑科植物，使用上類似紅蔥頭，多用於沙拉和夏季涼麵。

南瓜

南瓜

這種日本栗南瓜肉質有彈性，有點像栗子，它可以用來做燉菜（見P.109）也可以用來炸天婦羅（見P.77）。

紫蘇

與薄荷同家族的一種香草，法文通稱périlla，常跟壽司一起上桌食用。

山苦瓜

外表粗糙的苦瓜，是沖繩的特產，以富含營養著稱。

鴨兒芹

這是種非常芳香的日本香草，時常用在湯品上。

昆布

藻類，日式高湯的基本材料。

裙帶菜

藻類，用在湯或沙拉上。

海苔

藻類，製成片狀。

柚子

黃色的日本小柚子，有細緻的香味，時常出現在日本料理中，特別常用在醬汁（柚子醋）或甜點中。

梨子

日本梨子，多汁爽脆。

柿干

這種橘色的水果，風乾前跟風乾後一樣好吃。

COMMANDER AU RESTAURANT
在餐廳點菜

「いらっしゃいませ！」（歡迎光臨！）這是進入餐廳時一定會聽到的招呼語，但在我們鼓起勇氣掀開傳統的日本餐廳的門簾、展開一場冒險之前，我們可能會覺得有點狼狽，因為從門口看不到餐廳內部，門口也不一定會展示菜單。

餐廳外觀

門簾是掛在餐廳入口處的簾子（有些商店與住家也會掛門簾），餐廳門口的門簾會印上餐廳的店號與商標。

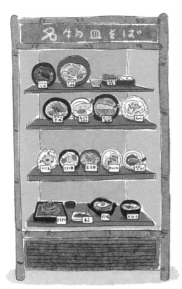

展示櫥窗裡面的菜餚模型

在日本，不少餐廳門口都設有展示窗，裡面陳列著菜餚模型。這種塑膠製的樣品跟實物一模一樣，非常有利於點餐，真是幫了大忙！

ショーケース

御献立

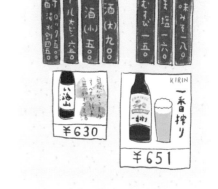

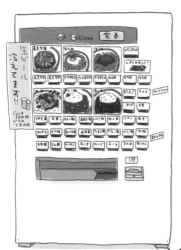

券売機

餐券販賣機

另一個很受歡迎的制度是餐廳門口的餐券販賣機，先選購你要的餐點，然後再帶進餐廳兌換。通常餐券販賣機的按鈕都附上餐點的照片，讓點餐變得很容易，只要把餐券交給餐廳員工並且入座即可。

菜名與單價就掛在牆上

在餐廳裡，不一定會提供菜單，因為菜單常常就掛在牆上。至於無菜單料理（お任せ），意思是「請替我安排」，讓主廚決定該替你上些什麼菜。這種形式常見於日本，這個好辦法很適合正要開始探索全新風味的人。

BOUILLON DASHI
日式高湯

出汁

高湯是日本料理不可或缺的基礎，許多料理都靠高湯完成，譬如味噌湯跟燉菜料理等等。高湯也同樣當作醬汁來使用，烹煮蔬菜、魚類跟肉類時，高湯粉也扮演重要角色。煮高湯並不難，只要有昆布、柴魚片就能簡單地做出日式高湯。也可再加入乾香菇或小魚乾（小沙丁魚乾）。

昆布　　　　　鰹節　　　干し椎茸　　　いりこ

昆布　　　　柴魚片　　　　　乾香菇　　　　小魚乾

高湯的準備

準備1公升的水，放入1塊昆布（大約10公分長度）加熱，在沸騰前離火，然後加入20g的柴魚片，等它們沉到鍋底之後，濾掉昆布跟柴魚片。

建議｜製作乾香菇、小魚乾的版本時，先在1公升的水裡放進乾香菇與小魚乾，浸泡2個小時之後，再加入昆布，然後加熱，之後的步驟與上述相同。

吸物（湯品）

吸い物　4人份

這是一種透明清澈的湯（不放味噌，湯裡不會有霧狀的懸浮物），風味細緻，重點是必須使用高品質的食材，才能享受高湯的風味。

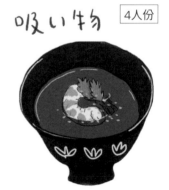

1 在1公升的高湯中，加入1湯匙醬油1湯匙味醂、1/2小匙鹽煮沸。

2 在湯碗中放入1隻去殼、燙熟的蝦子，及1小段鴨兒芹、幾絲柚子的皮。

3 在碗中注入調味過的高湯。

味噌湯

日本人幾乎每一餐都會以一碗白飯配一碗味噌湯。味噌湯的做法有很多種，我們可以在裡面放進烹調好的各種時鮮蔬菜。在高湯內加入味噌醬之後，必須在湯煮沸之前離火。

みそ汁

4人份

1 將160g的豆腐切塊，放入1公升的高湯，煮沸。

2 用湯勺舀一些湯，把60g左右的味噌放在裡面融化（味噌有多種選擇，鹹淡不一，請按照你偏好的口味調整），然後摻入鍋中混合。

3 加入80g泡過水的裙帶菜，並且在沸騰前整鍋離火。把湯分別盛入4個碗中。

豆腐

高湯

味噌

裙帶菜

SAUCES ET CONDIMENTS
醬汁、醬菜

ソース

澤庵蘿蔔（黃蘿蔔）

一個大玻璃罐的分量

1 將1條白蘿蔔削皮切塊，盛在大碗裡，加入1湯匙的鹽，放置2小時。

2 把150ml的米醋跟150ml的水放在鍋裡煮沸，加入一撮薑黃粉（上色用），再煮2分鐘。

3 3把煮好的湯汁倒在白蘿蔔塊上，然後全部用玻璃罐盛起來。在冰箱冷藏2天，就可以享用了。

建議 │ 適合跟白飯一起食用。

沢庵

漬け物

醃漬白菜（漬物）

1 把1/2個天津白菜切碎。

2 把切碎的白菜放進密封袋，加入1湯匙的鹽、1塊乾燥的昆布（切成細條），充分混合後，把密封袋關好，放入冰箱冷藏起碼4小時。

3 用手把漬白菜的水分儘量擠乾，就可以吃了。

建議 │ 適合跟白飯一起食用。

香鬆

ふりかけ

可製作 60 g

1 在碗裡混合60g的芝麻、1/2小匙的麻油、1小匙的糖、2小匙的鹽。

2 準備一個鋪有烘焙紙的烤盤，將混合好的（1）鋪平在上面，用180℃烤20分鐘。

3 將烤好的（2）放入食物調理機，加上1片撕碎的海苔一起磨粉。

建議 | 適合撒在白飯上。

てりやきソース

照燒醬

可製作 300ml

1 將150ml的醬油、100ml的清酒、100ml的味醂、50g的糖放入鍋中，煮沸。

2 繼續加熱5分鐘，不時攪拌，等醬汁濃縮。

建議 | 適合搭配魚類料理（見P.54）。

芝麻沾醬

ごまだれ

可製作 250ml

1 將120g的芝麻泥一邊攪拌一邊逐步加入120ml的高湯（見P.22），不停地攪拌直到均勻。

2 加入1瓣切細的大蒜、1小匙（5g）鹽、1湯匙味醂、1湯匙米醋、2湯匙醬油，將醬汁攪打成乳霜狀。

建議 | 適合搭配蔬菜。

TECHNIQUES DE DÉCOUPE DE FRUITS ET LÉGUMES

野菜の切り方　蔬果的切法

刀功是日本料理的原型，不單是爲了擺盤，刀功同樣影響了菜餚跟質感。

斜め切り

斜切法
這是一種常用的切法，簡單地斜切下刀，能切出漂亮的輪狀，又能增加食物的表面積。尤其常用於大蔥、黃瓜、胡蘿蔔。

薄片與細絲
取白蘿蔔，切成大塊輪狀，用刀抵住表層，轉動白蘿蔔，便可不斷削下長條形的薄片。接著將薄片疊好，切出細絲。

細切り

乱切り

滾刀塊
每次斜切後，都稍微滾動食材再切下一刀。切塊會是不規則的塊狀，主要用來切燉煮用的蔬菜，因爲能切得更均等。

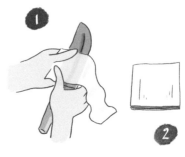

削

就像削鉛筆似地削蔬菜，主要是用來削牛蒡（牛蒡的根）。

削圓

切成塊狀的蔬菜還要把邊角削圓，這是要避免根莖類的蔬菜在燉煮時邊角崩裂，譬如南瓜塊。

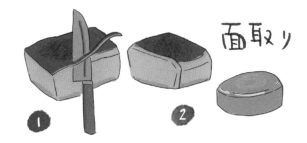

梅花型

這種切法特別用在紅蘿蔔上，用來替燉菜增色，要先將紅蘿蔔切厚片，然後用梅花型的壓模取型，然後再用刀在花瓣間切出V型。

兔子蘋果

這個切法應用在蘋果上。先將蘋果切成八等分，削去果核，先用小刀在八分之一的蘋果上刻個V字，然後把V字那頭的蘋果皮剝起一半，把V字部分拿掉。

ごはん類

米食篇

AUTOUR DU RIZ

日文中的「御飯」可以拿來指「正餐」，米飯就是日本料理的中心。烹調米飯、佐食米飯的藝術，就是日本料理的豐盛與精妙之處。在這方面，日本人有絕不枯竭的創意跟想像力。這種全世界被人消費最多的神奇穀類，在眾多的食譜中有幾道絕佳之選。

お米
白米

LES DIFFÉRENTS PLATS DE RIZ
幾道不同的米飯料理

從經典的壽司到麻糬，米食橫跨了日本料理的寬廣光譜，這裡有幾道不可或缺、經常出現在日本餐桌上的佳餚。

手捲

如同字義上的手捲，是一道用手捲起來的菜，不需要竹簾就能做，只需要你的手來完成，做法在P.40。

捲壽司

捲壽司在日文寫成一個「卷」字，就是由一片海苔捲成的壽司。捲壽司唯一的難處就是練熟捲法，詳細說明在P.40。

散壽司

一碗鋪滿壽司料（蔬菜、蛋、魚）的醋飯，可以定義為「花式」壽司，是道非常簡單的料理（見P.39）。

壽司

近年來已經成為世界最知名的日本料理。壽司家族中的握壽司，是最廣為人知的一種樣式：在一團白飯上放一塊生魚。學習做握壽司（見P.38）。

炊飯

在煮飯的時候，直接把蔬菜、調味料、魚類或雞肉一起放進鍋內炊熟，這種做法讓米飯特別芳香有味。

飯糰

可說是日本三明治，健康美味容易攜帶。
飯糰通常做成三角形，裡面有填料（見
P.46）。

炒飯

用中式炒鍋炒出來的佳餚，原本是中華
料理，簡單一招，就能把剩飯變大餐。

茶泡飯

顧名思義，就是茶跟飯一起吃。只是簡單
在白飯上放好配料，注入茶湯，就能品嘗
日本的美味，常搭配梅乾、海苔。

海苔烤年糕

年糕是把糯米蒸熟後搗製而成，是正
月期間一定要品嘗的美食。年糕常見
的吃法就是包上海苔一起烤，吃的時
候再簡單地用醬油調味。

丼飯

這是一道受歡迎的料理，在一碗白飯上鋪滿不同
的食材（天婦羅、豬排、咖哩等等）。親子丼見
P.44，牛丼見P.45。

LE RiZ JAPONAIS
日本米

ご飯の炊き方

煮飯的方法

米　おこめ

おみず　水

1,

2,

3,

煮飯的步驟

煮飯比例是，米跟水等量，煮幾杯米就放幾杯水。例如，4大碗白米飯，是由450g白米（3杯）跟600ml水（3杯）煮成的。

1 淘洗米粒，直到洗米的水變清澈為止。

2 把米瀝乾後，加入等比例的水，放進電鍋。

3 依照電鍋的設定時程煮飯，煮好之後，至少再悶10分鐘。

小妙招 │ 如果你沒有電鍋，不必慌張！只要將等量的米跟水放入鍋裡，蓋上蓋子，在直火上煮滾後，轉成最小的小火，繼續煮12分鐘，然後整鍋離火，不揭開鍋蓋，放置10分鐘即可。

壽司飯 すし飯

醋飯

1 將煮好的白飯趁熱盛進深盤，並且淋上壽司醋（每1杯米，配500ml的壽司醋）。

2 用大湯匙（或飯匙）細心地混合米飯，使飯粒裹上醋液，不要壓扁飯粒。

3 醋飯混合好以後，用扇子把飯扇涼，米粒看起來會有光澤。

4 做好的醋飯要蓋上一塊濕布備用，免得醋飯乾掉。

小妙招 │ 你可以在家簡單自製壽司醋，取3湯匙的糖、1小匙鹽，溶進500ml米醋即可。

LES SUSHI
壽司

一種由醋飯跟配料組成的食物。醋飯是壽司的基本，但壽司變化無窮，爲人熟知的壽司是握壽司，但是壽司不止這種樣貌，幾個例子如下：捲壽司、手捲、散壽司、球狀壽司、押壽司。

壽司屋

壽司屋

在日本，可以吃到壽司的地方很多，但壽司屋是客人可以坐在壽司吧檯前面，一邊看著面前的師傅捏製壽司、一邊點菜的傳統壽司餐廳，氣氛靜謐。高品質的魚類、貝類則陳列在吧檯後面的玻璃櫥內。

看盤子的顏色就知道價錢。

迴轉壽司

迴轉壽司又是截然不同的餐廳，師傅做好的壽司裝在小盤裏，不停地在你面前的吧檯旋轉，不必點菜，碰到喜歡的，你只要伸手拿就行了。就像在流水作業檯前面吃飯一樣！

回転寿司や

旋轉檯上排滿了壽司。

LES VARIÉTÉS DE SUSHI
壽司料

寿司ネタ

マグロ

鮪魚

穴子

海鰻

サーモン

鮭魚

玉子

蛋

アジ

竹莢魚

いくら

鮭魚子

タコ

章魚

えび

蝦

うに

海膽

LA DÉCOUPE DES POISSONS
生魚片

鮪魚的各個部位

鮪魚是生魚片的王者，每個部位有極爲不同的質地、口感……但價錢也一樣差很多！

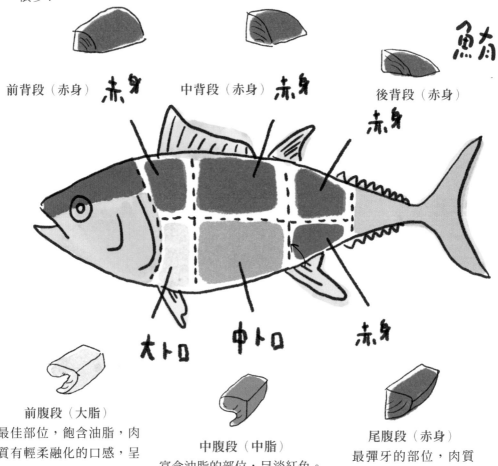

前背段（赤身）赤身　　中背段（赤身）赤身　　　後背段（赤身）

鮪

赤身

大卜口　　中卜口　　赤身

前腹段（大脂）
最佳部位，飽含油脂，肉質有輕柔融化的口感，呈玫瑰色。

中腹段（中脂）
富含油脂的部位，呈淡紅色。

尾腹段（赤身）
最彈牙的部位，肉質鮮紅。

1.   2.   3.   4.

切分鮭魚

1 剖開去鱗的鮭魚，先切出第一塊鮭魚菲力，刀刃要從魚頭朝尾巴方向切割，然後取出主要的魚骨。取出菲力時，刀刃的偏鋒要緊貼著魚骨，盡可能除去大部份的魚刺，最後得到完整的肉塊備用。然後以同樣的方法取出第二塊菲力。

2 用生魚片刀，將兩片菲力的皮都掉。魚皮附近灰色的部分以及有些硬的白色部分也一起去除。將這些部分跟魚頭、魚骨一起留置備用。它們可以拿來煮魚湯，也可以加在味噌湯裡（見P.23）。

3 用一把魚刺鉗，兩根手指就能輕鬆清除魚片裡的小魚刺。

4 將鮭魚片切成你想要的大小，根據用途不同來決定（生魚片、捲壽司、散壽司等等）。

1.   2.   3.   4.

切分鯖魚

1 切掉魚頭。剖開腹部，拿掉內臟（為了取出腹部的血塊，請用拇指抓一下裡面）。

2 取下第一片菲力，步驟如同處理鮭魚。然後翻面，取下第二片菲力。

3 去掉菲力兩面的魚刺跟硬硬的地方。

4 使用小刀的偏刃去掉魚皮（魚皮很薄的地方要用手剝掉），將菲力薄切成片，視用途與需要決定切片的大小。

LE FAÇONNAGE DES SUSHI
壽司的捏法

捏壽司的技術在日本幾乎算得上是一種藝術，必須學藝十年才能成為壽司師傅！但請放心，只要遵循我們壽司師傅伊藤先生的建議，你也能享受捏製壽司的快樂！

1 以少許米醋（見P.33）濕潤雙手，取一份醋飯放在手心的凹處。輕壓並滾動它使其成為橢圓狀的小團。

2 用指尖沾取一點芥末抹在一塊魚片上。

3 把魚片放置在米飯上，以兩指施力，將魚片固定在米飯上。

4 將捏好的握壽司擺入盤中，可以開動了！

CHIRASHI SUSHI

散壽司

鮭魚子　いくら

たまご　雞蛋

蓮根　蓮藕

四季豆　さやいんげん

香菇　椎茸

2人份

1　將2朵乾香菇泡在一小鍋水中，加熱至沸騰。離火後，連湯汁一起放置30分鐘（保留湯汁）。香菇去蒂，切薄片。取4條四季豆，去掉硬梗。取一段約4公分的蓮藕，去皮，切片。（可用白蘿蔔或蕪菁代替蓮藕。）

2　在小鍋中加熱100ml的水、3湯匙的醬油、3湯匙的味醂，將蔬菜加入煮透，使食材入味。

3　取1個雞蛋，加入1小撮鹽，打散。在煎鍋中加熱少許油，將1/2的蛋液倒入搖勻，加熱約1分鐘後翻面，再煎數秒，攤成一片薄蛋皮。將蛋皮盛出攤在砧板上，把剩下的蛋液煎成另一片蛋皮。把兩片蛋皮疊在一起，捲成圓筒狀，然後細切成蛋絲。

4　盛2碗醋飯（見P.33），在醋飯上鋪滿蛋絲，燉熟的蔬菜、鮭魚子，飾以切絲的海苔。

MAKI & TEMAKI
捲壽司、手捲

製作捲壽司

1 在竹捲簾上放1張海苔，在其中3/4的部分鋪上米飯。

2 在米飯上把壽司料逐樣排成列。

3 現在用你手指的力量，從靠近你的那一端開始，一點一點地，逐步將竹捲簾捲成圓筒狀，一邊捲一邊壓緊壽司。

4 把捲壽司從竹捲簾中取出，把它切成8或10片。

手捲

邀朋友來家裡玩的時候，我偏愛的料理就是這道。我會把所有的材料全部端上桌，讓每個人都能任意做出自己想吃的手捲，想吃多少就做多少。這實在非常方便，保證成功！

製作一份手捲：請將1張海苔分成4小片，在小塊海苔中央放10g的醋飯（見P.33），然後擺上壽司料，再捲成圓筒狀，沾一點醬油就可以品嘗了。

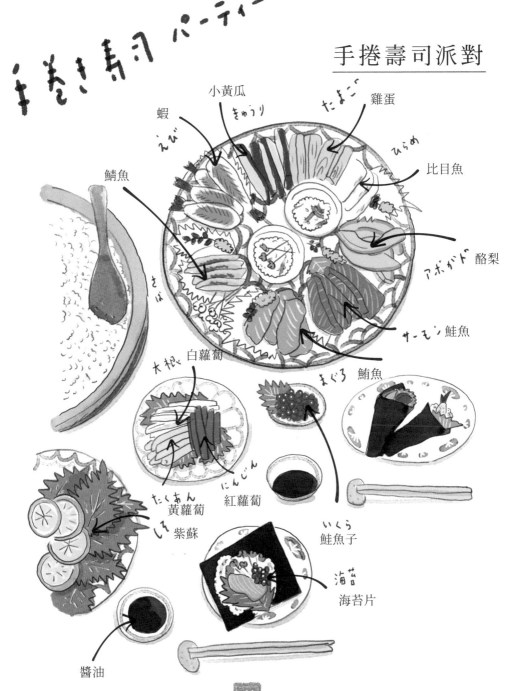

手巻き寿司 パーティー

手捲壽司派對

蝦
えび

小黃瓜
きゅうり

たまご 雞蛋

ひらめ 比目魚

鯖魚
さば

アボガド 酪梨

サーモン 鮭魚

大根 白蘿蔔

まぐろ 鮪魚

たくあん 黃蘿蔔

しそ 紫蘇

にんじん 紅蘿蔔

いくら 鮭魚子

海苔 海苔片

醬油

KARE RICE
カレー　　咖哩飯

日本人把咖哩發揚光大，咖哩在日本很受歡迎。除了常見的咖哩飯，也有咖哩烏龍麵。做日式咖哩少不了咖哩塊，非常容易做，是道出色的家常菜。

4人份

1 加熱1勺葵花籽油，加入1瓣切碎的大蒜、1小匙的生薑、2條胡蘿蔔切片、1/2個切碎的洋蔥，炒3到4分鐘。

2 2隻雞腿去骨切塊，加入拌炒2到3分鐘，表面呈金黃色，加入8個切塊的洋菇，再煎2到3分鐘。

3 加入600ml的水，用小火燉煮15分鐘。

4 加入1/2個切塊的蘋果，以及80g的日式咖哩塊。接下來的5分鐘要在小火上不停攪拌，直到咖哩塊完全融化、醬汁濃厚。

5 把白飯分裝在4個盤子裡，加上咖哩，趁熱食用。

咖哩的配菜

日式咖哩一定有配菜，可以是簡單的白煮蛋，或是一種叫做「福神漬」的小菜（蔬菜醃漬在又鹹又甜的醬汁裡頭），或是「蕗蕎」（醋漬的小洋蔥）。

garniture:

水煮蛋
たまご

福神漬シけ

蕗蕎
らっきょう

福神漬

水 水 お

雞肉 鶏肉

大蒜 にんにく

蘋果 りんご

咖哩塊 カレーのルウ

生薑 生姜

人参 紅蘿蔔

洋菇 きのこ

洋蔥 玉葱

DOMBURI 丼飯

親子丼

| 4人份 |

1 在平底鍋裡放入200ml的柴魚高湯，煮滾，放入1隻去骨切塊的雞腿肉、1個切碎的洋蔥，加入醬油與味醂，以中火煮5分鐘。

2 在大碗裡打散4個雞蛋，一口氣攪勻，不要停手。

3 將蛋汁倒入鍋中，輕輕拌勻，繼續加熱到蛋汁凝固為止。

4 用大碗盛好白飯，把雞肉跟蛋蓋在飯上，用鴨兒芹、細蔥、切細的海苔裝飾蓋飯。

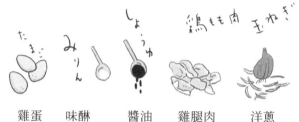

雞蛋　味醂　醬油　雞腿肉　洋蔥

鴨兒芹
蔥
海苔

親子丼
OyakodoN

44

牛丼

[4人份]　牛肉薄片

水　みず　醬油

洋蔥

味醂

清酒

糖

gyu don
牛丼

1　在平底鍋裡，煮沸醬汁（4湯匙的醬油、4湯匙的味醂、4湯匙的清酒、4湯匙的水、3小匙的砂糖）。

2　加入1個切碎的洋蔥，蓋上鍋蓋，加熱5分鐘，然後加入320g的牛肉片，繼續加熱到湯汁收乾為止。

3　準備4碗白飯，將煮好的牛肉跟洋蔥分裝到碗中（見P.32）。以紅薑絲裝飾後上桌。

ONIGIRI
飯糰

おにぎり

不同形狀的飯糰

飯糰確實是隨時都能吃的日式美食，這種米飯三明治不但便於攜帶又能解決隔夜的剩飯。

圓柱狀
日本便當裡也有這
種形狀的飯糰。

球狀
使用保鮮膜可以輕鬆
地做出這個形狀。

三角形
這是最常見也最容
易吃的形狀。

三明治形（免捏飯糰）
近年流行的形狀，介於
三明治與飯糰之間。

可愛飯糰
我們可以任意捏塑出最可愛的飯糰，主
要是做給兒童吃的，這些可愛的飯糰有
的做成動物、有的做成花朵，可愛到想
咬一口。

飯糰的捏法

1　先把雙手沾濕，也沾上一點鹽粒。

2　用木製的飯匙取一些煮好的白飯。

3　將配料放在白飯中。

4　輕壓白飯，直到成為一個三角形的飯糰。

5　訣竅是轉動你手中的飯糰，以同等的力道擠壓三邊，不要太用力以至於捏扁飯糰。

6　飯糰一旦成型，就可以包上海苔。

ONIGIRI, LES GARNITURES
飯糰的餡料

おにぎり

梅乾跟海苔是最常見的飯糰配料，但飯糰還能變化無窮！

梅干し おにぎり

梅乾飯糰

經典口味

1.梅乾

2.海苔

しそゆかり おにぎり

紫蘇飯糰

清香口味

1.乾燥的紫蘇

2.青紫蘇的新鮮綠葉

鮭とごま塩 おにぎり

鮭魚芝麻鹽飯糰

鮭魚口味

1.醃漬鮭魚鬆

2.芝麻鹽（芝麻、鹽）

炒り卵とえんどう豆 おにぎり

雞蛋炒豌豆飯糰

滑嫩口味

1.炒蛋

2.熟豌豆

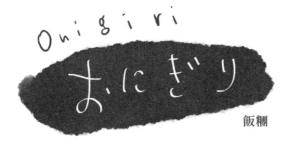

Onigiri
おにぎり

飯糰

小妙招 | 你也可以使用飯糰模，扣出三角形的飯糰。

卵巻きふりかけおにぎり

蛋包香鬆飯糰

傳統口味

1.蛋皮（見P.39）

2.香鬆（見P.25）

ツナマヨおにぎり

鮪魚美乃滋飯糰

美乃滋口味

1.鮪魚鬆（罐裝）

2.美乃滋

3.海苔

焼き味噌おにぎり

烤味噌飯糰

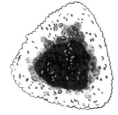

烤味噌口味

1.味噌

2.芝麻油

3.細蔥

（在烤箱中烘烤數分鐘）

えび天おにぎり

炸蝦飯糰

炸蝦天婦羅口味

1.炸蝦（見P.77）

2.海苔

BENTO
便當

在日本，便當是種習以為常的存在，日本兒童從小就帶著媽媽做的「可愛便當」去學校，成年人則帶著便當到辦公室用餐，或是帶去野餐。

便當裝飾

這裡有些便利的裝飾品。

這些小東西讓你的便當盡善盡美！

紙模、矽膠模
用來盛裝菜色

分隔葉
防止不同的菜混在一起

竹籤
固定食物，也可以拿來進食

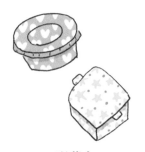

醬汁包
可攜帶調味醬

配菜盒
用來攜帶配菜

押花模
用來切蔬菜跟水果

盛裝便當

1 先從盛飯開始，然後用沙拉葉或香菜葉把飯隔開，防止菜餚跟白飯沾在一起。

2 布菜時，把主菜放在顯眼的地方。

3 在剩下的空位裡面填上蔬菜或醬汁包。

4 用竹籤或裝飾品來裝飾便當，在白飯上撒些香鬆、放入漬菜，或放入押花的蔬菜。就完成了！

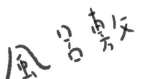

風呂敷：便當包巾

風呂敷是一塊方形的布，可以用來打包攜帶物品，也可以拿來包裝禮物。有很多種漂亮的方法可以拿來包便當，以下示範兩種。

長方形的便當

圓形的便當

BENTO, LES GARNITURES
便當菜

だし巻き卵
高湯煎蛋捲

一步一步做出玉子燒

玉子燒就是日式煎蛋捲，要用一個長方形的煎鍋來做，大部分的便當裡都有玉子燒。

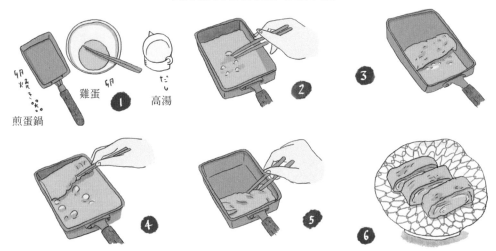

煎蛋鍋　雞蛋　高湯

做一個玉子燒

1 在大碗裡打散4個雞蛋，加入50ml的柴魚高湯、1撮鹽。

2 在煎蛋鍋裡加熱一些油，然後倒入部分打好的蛋液，讓蛋液薄薄地像可麗餅一樣平鋪均勻。

3 蛋液凝固時，從鍋邊把蛋皮捲起來，捲到另一頭。

4 重新注入打好的蛋液，此時可以輕輕地把剛才煎好的蛋捲抬起來，讓蛋液鋪在底下。然後將凝固的蛋皮再一次捲到鍋邊。

5 反覆以上動作直到所有的蛋液都用完為止。用筷子轉動日式蛋捲，將表皮均勻煎成金黃色。

6 放入便當前，將蛋捲切片。

便當配料

人参
紅蘿蔔壓花（P.27）

かぶのお漬けもの
漬大頭菜（P.24）

梅干
梅乾

ふりかけ
香鬆（P.25）

きざみ海苔
海苔切絲

たくあん
澤庵蘿蔔
（P.24）

章魚香腸
タコさんウィンナー

章魚香腸

如何做出章魚香腸？

1 將1根香腸斜切成兩半。

2 在有斜面的那端切出很多觸手。

3 把香腸放入沸水，在鍋中加熱1分鐘，小章魚就會翻出漂亮的觸手。

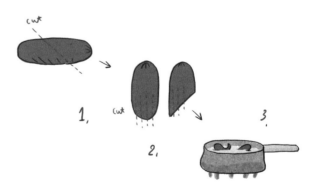

BENTO, LES RECETTES
便當食譜
おべんとう

照燒便當

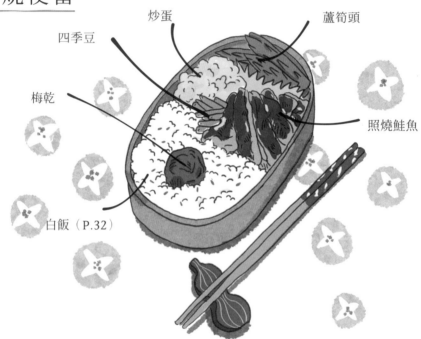

四季豆
炒蛋
蘆筍頭
梅乾
照燒鮭魚
白飯（P.32）

照燒鮭魚

2人份

1 準備200g的鮭魚菲力，去皮剔刺。

2 在大碗中，混合2湯匙的醬油、2湯匙味醂、1湯匙清酒、3湯匙的糖。

3 加熱平底鍋，用中火把鮭魚煎熟，每面煎1到2分鐘，隨厚度增減時間。

4 把調好的醬汁倒入鍋中，讓鮭魚裹滿醬汁，再繼續加熱30秒使醬汁濃縮。

KAWAII*便當

玉子燒（見P.52）

火腿蘆筍捲

熊熊飯糰

青花菜

黑橄欖

梅乾

*かわいい（Kawaii）＝「可愛」的日文。

熊熊飯糰

1人份

1 在大沙拉鉢裡，混合1碗白飯（見P.32）、1小撮鹽、1/2小匙芝麻粒。

2 利用保鮮膜，捏出1個大橢圓型飯糰（熊臉）以及2個小飯糰（耳朵），並且將它們組裝起來。

3 用海苔做眼睛，用紅蘿蔔薄片做臉頰，鼻子跟嘴則用1片莫札瑞拉起司，加上1個豌豆以及海苔細絲來完成。

麵食篇

AUTOUR DES NOUiLLES

麵食就像米飯一樣，是日本料理的基礎。任何時候都適合吃麵，而且
有很多豐富的吃法，湯麵、鍋燒麵、炒麵，搭配涼拌沙拉或餃子……
有簡便粗飽的吃法、有墊墊肚子的精緻麵點，也有需要熬煮數小時的
大餐。而且在日本，吃麵時可以盡情發出聲音，別錯過！

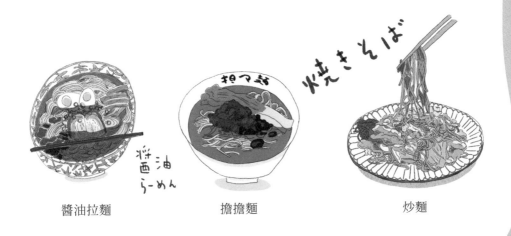

醬油拉麵　　　　　　擔擔麵　　　　　　　炒麵

VARIÉTÉS DE NOUILLES
各式各樣的麵

日本有各式各樣的麵，其中包括傳統的蕎麥麵、烏龍麵、素麵，也流行中國拉麵、炒麵。

蕎麥麵

「蕎麥」（Soba）指日本蕎麥麵，蕎麥麵是健康與精緻料理的代表作。吃法總是非常簡單，熱食就是做成湯麵，冷食就沾醬汁（麵露）一起吃（見P.67）。

拉麵

拉麵使用的小麥麵條來自中國，二十世紀初在日本問世。上桌時，麵條放在醬油或味噌為基底的高湯中一起享用，拉麵也因速食麵的普及而為人熟知。但沒有一種速食麵比得上任何一碗在拉麵屋或在家裡吃到的拉麵。

烏龍麵

蕎麥麵、拉麵、烏龍麵是日本人消費的前三種麵類。烏龍麵呈白色，以小麥麵粉、鹽、水，這三種材料製成，形狀依各地區有變化，乾燥或新鮮（真空包）的烏龍麵，可以跟高湯、配料一起吃，也可以做成涼麵。

素麵

這是一種白色細麵，以小麥麵粉製成。我們通常都做成涼麵，在夏天配著醬汁（麵露）一起吃。

新鮮的拉麵麵條　　　　乾燥的拉麵麵條

泡麵

乾燥的蕎麥麵條　　　　新鮮的蕎麥麵條

麵

des Nouilles

乾燥烏龍麵

素麵

炒麵麵條

綠茶蕎麥麵

烏龍麵

餃子皮

冬粉

RAMEN,
LES SPÉCIALITÉS PAR RÉGION
各地的名產拉麵

日本各地都有它們獨特的拉麵。
它們主要的差別是在於湯頭以及
配料。以下是全日本的名產拉麵
之旅！

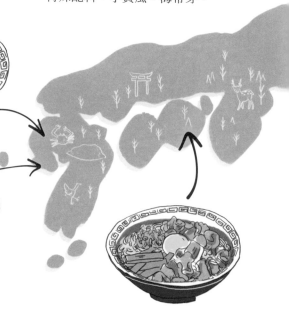

山形拉麵

醬油冷湯（魚類基底）
特殊配料：小黃瓜，海帶芽。

博多拉麵

豚骨湯頭
特殊配料：紅薑、芝麻粒
（見P.65）。

強棒長崎拉麵

雞、豬混合濃湯
並且以高湯直接燙熟麵條。
特殊配料：海鮮、高麗菜、紅蘿蔔。

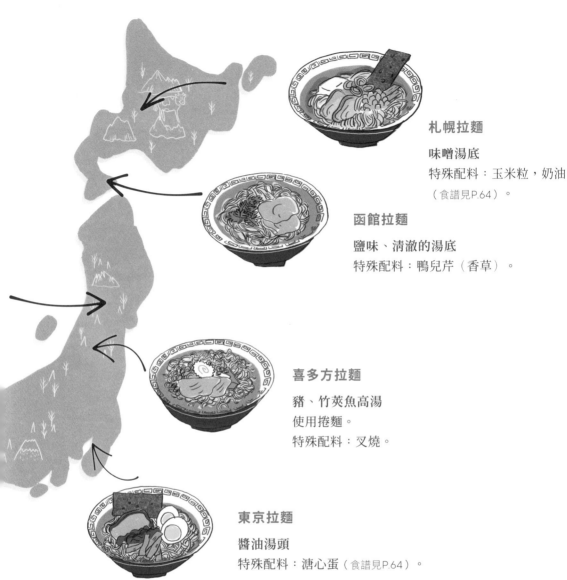

札幌拉麵

味噌湯底

特殊配料：玉米粒，奶油

（食譜見P.64）。

函館拉麵

鹽味、清澈的湯底

特殊配料：鴨兒芹（香草）。

喜多方拉麵

豬、竹莢魚高湯

使用捲麵。

特殊配料：叉燒。

東京拉麵

醬油湯頭

特殊配料：溏心蛋（食譜見P.64）。

德島拉麵

醬油豚骨高湯

特殊配料：紅燒五花肉，生蛋。

全国の ラーメン

RAMEN, LES BASES 拉麵的基本做法

自家製拉麵的步驟

約4人份

高湯

1 在大鍋中放入1kg豬骨，以及1/2kg的雞骨。加水直到骨頭都被淹沒。加熱到滾沸，滾沸後多煮5分鐘，再把湯水瀝去。

2 在大鍋裡放入之前燙煮過的骨頭，加入一個大蔥、6瓣壓碎的大蒜、4公分長的薑切薄片、1個紅蔥頭及1塊昆布。加入4公升的雞湯，加蓋後煮沸，煮沸後再慢熬2小時。

3 過濾之後即完成高湯。

煮麵

1 把4人份的麵條按照包裝上的指示時間煮熟。

2 煮麵的時候，準備拉麵的麵碗，將1/2湯勺叉燒肉汁放入空碗中，加上2湯勺的高湯。拌勻。

3 麵條撈起瀝乾。然後小心盛入碗中。

一步一步做叉燒

1 製作醬汁：在小鍋裡放入3瓣壓碎的大蒜、2公分長的薑切成薄片、100ml的醬油、30ml的味醂、100ml的清酒、10ml的水、3湯匙的糖，煮沸。

2 取700g豬里肌肉或五花肉，放在烤盤中，塗上做好的叉燒醬，預熱烤箱130℃，放入烤約2小時。每30分鐘要翻一次。

3 把叉燒的肉汁瀝出留用，然後把叉燒薄切成片。

配料

某些配料可以隨著地方特色變化，但也有些配料是經典不變的。

ラーメン

チャーシュ

叉燒
醬烤豬肉
（見對頁的食譜）

葱

長蔥
切成蔥花

卵

水煮蛋
蛋黃半熟

玉米
燙熟玉米粒

とうもろこし

鳴門卷
日式魚板

海苔

海苔
海苔片富含碘質

もやし

豆芽
白淨的大豆芽

メンマ

筍乾
醃製過的筍絲

RAMEN, LES RECETTES
拉麵食譜

皆為約4碗的分量

醬油拉麵：東京拉麵

- **高湯**：1.6 公升的高湯（見 P.62）。
- **調味**：150ml 的叉燒醬汁（見 P.62）。
- **配料**：叉燒薄片（見 P.62），筍乾，蔥花，
  海帶芽，切半的半熟蛋。
- **組合**：先將叉燒醬汁放入碗底，淋上高湯，
  放入燙熟、瀝乾的拉麵麵條。將配
  料擺在碗中。馬上享用！

味噌拉麵：札幌拉麵

- **高湯**：1.6 公升的高湯（見 P.62）。
- **味噌醬汁**：碾碎 2 瓣大蒜，生薑（2cm）切
  片，6 湯匙的味噌，30ml 的味醂，
  100ml 的清酒，50ml 的水，1 湯匙
  糖，1/2 小匙鹽，在鍋裡拌勻煮沸。
- **配料**：叉燒薄片（見 P.62），筍乾，蔥花，海帶芽，
  切半的半熟蛋，玉米粒，一塊奶油。
- **組合**：先將味噌醬汁放入碗底，淋上高湯，放入
  燙熟、瀝乾的拉麵麵條。將配料擺在碗中。
  奶油要留到最後才放。

豚骨
らーめん

豚骨拉麵：博多拉麵

- **豚骨高湯**：1.6 公升的高湯（見 P.62）加入 400g 的新鮮豬肋排（無調味），慢火燉煮 1 小時，得到非常多脂濃郁的高湯。
- **調味**：15ml 的叉燒醬汁（見 P.62）。
- **配料**：叉燒薄片（見 P.62），蔥花，紅色醋漬薑片，芝麻粒。
- **組合**：先將叉燒醬汁放入碗底，淋上豚骨高湯，放入燙熟、瀝乾的拉麵麵條。將配料擺在碗中。

擔擔麵

- **高湯**：1.6 公升的高湯（見 P.62）。
- **辣炒肉燥**：這碗麵的風味完全靠辣炒肉燥了。2 個新鮮紅蔥頭、1 瓣大蒜剁碎，在煎鍋中熱 1 勺芝麻油，炒香之後，加入 400g 豬絞肉，再炒 3 至 5 分鐘。加上 4 湯匙的醬油、4 湯匙芝麻醬、2 湯匙的辣椒醬、1/2 小匙的鹽，拌勻後再繼續加熱 1 分鐘。
- **配料**：辣肉燥，燙熟的小白菜。
- **組合**：把辣肉燥加入高湯，滾熱 2 分鐘。把燙熟、瀝乾的拉麵麵條先放在碗裡。然後注入辣味的高湯，舀上辣肉燥、燙熟的小白菜。

担々麵

SOBA
蕎麥麵

熱食：鴨南蠻

鴨南蛮

4人份

1 把一份鴨胸肉放在煎鍋裡，帶皮的一面朝下，用大火煎5分鐘。撒上鹽和胡椒，翻面再煎2分鐘。
　將鴨肉放到砧板上，切片。倒掉煎鍋裡多餘的油脂，重新開火，放入1根大蔥，油煎3至4分鐘
　後，倒入1/2杯高湯，然後調成小火，蓋上蓋子，直到高湯沸騰。

2 取鍋，倒入5湯匙的味醂、2湯匙的清酒。煮沸以去除酒精，再加入6湯匙的醬油、1湯匙的砂糖。
　再次煮沸，然後調成小火，使醬汁濃縮一半。將前項的高湯倒入鍋中，再次煮沸。

3 在一鍋滾水裡，燙熟350g的茶蕎麥麵（摻了綠茶粉的蕎麥麵），烹調時間依照包裝上的指示（4、5
　分鐘），瀝乾麵條，分裝在4個大碗中。把切好的鴨胸肉、大蔥鋪在麵條上。注入滾熱的高湯。

4 以1小段鴨兒芹、蔥花裝飾，撒上山椒粉，趁熱上桌。

冷食：蕎麥涼麵

4人份

ざる蕎麦

1 準備沾醬（麵露）：1把柴魚花（乾燥鰹魚削片）、100ml的醬油、100ml的味醂、50ml的清酒、300ml的水，在鍋裡用中火加熱，煮沸後，立即離火，放涼以後，過濾，放入冰箱中備用。

2 等待醬汁冷卻的同時，將350g的蕎麥麵在沸水中煮熟，烹煮時間請參考包裝上的指示（約4、5分鐘），將燙熟的蕎麥麵放在冷水裡冷卻，然後瀝乾。上桌時盛在鋪了竹簾的容器上，並飾以細切海苔絲。

3 一邊沾著冰冷的麵露一邊吃，並以蔥花和芥末添加風味。

UDON
烏龍麵

狐狸烏龍麵

4人份

菠菜

ほうれん草

炸豆腐皮

油あげ

鳴門卷

なると

葱

蔥花

きつね
うどん

1 把2塊炸豆皮放入一鍋滾水裡燙1分鐘以去油，瀝乾後，將每塊炸豆腐皮都對切兩次，把炸豆腐皮切成三角形。

2 將三角形的炸豆腐皮放入鍋中，注入300ml的麵露（見P.67），加蓋，煮沸後再繼續加熱3分鐘，然後加入1.2公升的高湯，加熱至沸騰。

3 將250g的乾麵條在滾水中燙熟（烹煮時間依照包裝上的指示，大約費時4、5分鐘），然後瀝乾。

4 將麵條分盛至4個大碗中，注入熱湯，並且擺上三角形的炸豆腐皮、蒸熟的菠菜、鳴門卷切片、最後以蔥花裝飾。

鍋燒烏龍麵

2人份

1 將400g的粗烏龍麵放入大鍋沸水中燙熟（新鮮或冷凍的皆可），烹煮時間依照包裝上的指示。然後將煮好的麵條在冷水中漂洗冷卻後，瀝乾。

2 取2朵新鮮香菇，去蒂。

3 在砂鍋中注入700ml的高湯（見P.22）、2湯匙的醬油、2湯匙的味醂、1/2小匙的鹽。

4 在砂鍋中加入1根斜切成片的大蔥、80g的熟菠菜、4片鳴門卷、4隻炸蝦天婦羅（見P.77），小心地在砂鍋中央加入2個雞蛋。蓋上蓋子，煮沸後，再繼續以小火加熱約5分鐘。

LES AUTRES NOUILLES
其他麵食

茄子冷麵

2人份

1 將300ml的麵露（見P.67）煮沸。將炸茄子（食譜如附）放在一個深盤裡面，然後把加熱的麵露注入其中，放涼後，冷藏備用。

2 在一鍋沸水裡燙熟200g素麵，烹煮時間請依照包裝上的指示（約2分鐘），然後在冷水裡淘洗過、瀝乾。

3 將素麵分盛在2個碗中，放上瀝乾麵露的炸茄子，放上1片紫蘇葉、1小團白蘿蔔泥、1小匙生薑末，注入麵露，撒上蔥花。

素麵 SoMen

揚げ茄子

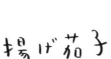

炸茄子

1 將1條茄子對剖成兩半，然後再對剖一次。

2 在茄子皮上以等間距入刀，但不要切斷，最後茄子會像個大弧形。

3 在炸鍋裡面油炸約2分鐘，瀝乾。

日式炒麵

2人份

1　燙熟300g的生麵，瀝乾。

2　在煎鍋中，用少許油將切成細條狀的600g豬肉、2個切絲的洋蔥炒熟，再加入2朵切片的香菇、高麗菜2片（剁碎）。

3　把煮好的麵條放入一起炒1分鐘，加入4湯匙的炒麵醬汁，翻炒均勻。

4　盛入盤中，裝飾以切片的醋漬紅生薑，撒上青海苔粉，趁熱端上桌。

GYOZA
煎餃

肉餡分量

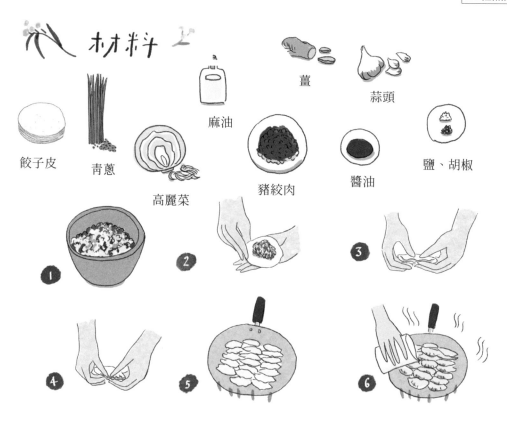

材料

餃子皮　青蔥　高麗菜　麻油　薑　豬絞肉　醬油　蒜頭　鹽、胡椒

1 在大碗中混合120g的豬絞肉、120g的細切高麗菜絲、1個洋蔥（剁碎）、1瓣大蒜（壓成泥）、1小匙的生薑碎、3湯匙的醬油、3湯匙的麻油、少許鹽以及少許磨碎的胡椒粉。

2 在水餃皮的正中間，放一小匙混合好的餡料，然後然後在半個水餃皮的邊緣沾些水。

3 摺疊水餃皮包入餡料，盡可能不要包入空氣，把邊緣黏起。

4 在水餃的邊上摺些花邊，捏緊每一個餃子。

餃子 gYoza

5 在煎鍋上熱少許油,然後將餃子放入,兩邊各煎3分鐘,直到煎到金黃色。

6 在煎鍋中加水直到半滿,然後蓋上蓋子,以大火持續加熱,直到鍋裡的水都汽化,然後揭開鍋蓋,再加熱1分鐘即可。

7 沾上米醋、醬油混合成的醬汁,趁熱享用。

家庭料理

其他經典菜餚篇

AUTRES PLATS PHARES

日本料理就像一個巨大的調色盤，裡面有砂鍋料理如馬鈴薯燉肉、油炸料理如天婦羅，也有火鍋如涮涮鍋、壽喜燒，也有蒸出來的，如茶碗蒸……。這些料理都值得作為日本料理的代表，也說明日本料理不是只有壽司跟烤雞肉串而已！

TEMPURA
天婦羅

天婦羅是一道葡萄牙菜,由傳教士傳入日本。天婦羅的麵衣浸在醬油與高湯調成的醬汁裡面,成了日本料理的經典大作。天婦羅變化多端,可以放入丼飯(擺在白飯上),放入湯麵中,放在便當裡⋯⋯天婦羅的材料最常見的是用蝦、魚、香菇、甘藷、南瓜或大蔥。

天婦羅質地輕盈酥脆,得益於它細緻的麵衣。麵衣的祕密就在於溫差:冰涼的麵糊(重點是放在冰箱保冷,或使用冰塊來製作)在熱油裡創造了熱力學上的衝擊。

天婦羅蕎麥麵

天婦羅蓋飯

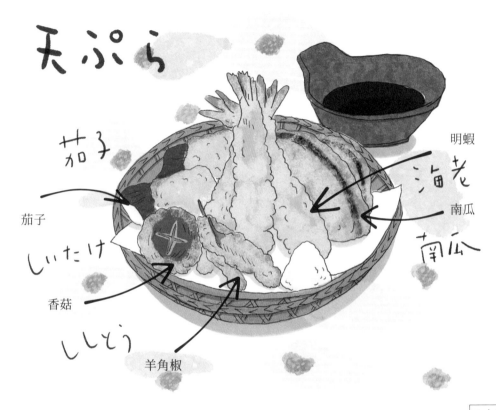

天ぷら

茄子　茄子

しいたけ　香菇

ししとう　羊角椒

明蝦

海老　明蝦

南瓜　南瓜

南瓜

4人份

1 取8隻明蝦，去頭剝殼，只保留尾鰭。用刀尖取出背上的泥腸。

2 在大鉢內，調勻100g的天婦羅炸粉與160ml的冰水。

3 在天婦羅麵糊中放入明蝦和蔬菜（1條茄子切成8等分、1/4顆日本栗南瓜切薄片、1個羊角椒切8等分、香菇4朵），食材沾滿麵糊後，立刻放入熱油中，炸到輕微上色後撈起，放在吸油紙上瀝乾，反覆此過程數次。

4 把1/4根白蘿蔔磨成泥，將一些白蘿蔔泥跟油炸好的天婦羅一起擺在盤中，品嘗時，把天婦羅浸在麵露（見P.67）中，配著其餘的白蘿蔔泥一起吃。

TONKATSU
炸豬排

とんかつ

2人份

1 在深盤中打散1個雞蛋,在另2個盤中放麵粉、麵包粉。以鹽跟胡椒調味2片豬肉。

2 將肉片沾滿麵粉,再沾上蛋液,最後沾滿麵包粉。

3 肉排油炸約5分鐘,直到肉排漂亮地呈現金黃色,放在吸油紙上瀝乾。

4 高麗菜切細絲,小黃瓜切成薄片,番茄切成4等分,切好的蔬菜盛入盤中,然後盛入切片的炸豬排,淋上豬排醬汁(見P.17),搭配一碗白飯。

KORROKKE
可樂餅

6塊可樂餅

1 煮沸1鍋水，摻鹽，將6個馬鈴薯放入
  烹煮約20分鐘。瀝乾後，切片，放
  入大鉢中，用叉子壓碎。

2 取2個雞蛋，分出蛋黃、蛋白。將1
  個洋蔥、1個紅蔥頭切碎，放入煎鍋
  中，倒少許油，用文火煎3分鐘，
  然後加入300g牛絞肉拌炒，加鹽調
  味，再用大火炒5分鐘。

3 把炒好的絞肉拌入馬鈴薯泥。離火。
  加入蛋黃，然後再次用鹽與胡椒調
  味。

4 將準備好的薯泥絞肉揉成6個丸子。

5 在大碗中打發蛋白。在一個盤中盛入
  太白粉、另一個盤盛入麵包粉。將
  每個薯泥絞肉丸子沾滿太白粉，再
  沾蛋液，最後沾麵包粉。

6 在深鍋裡熱油，把丸子放進去炸約5
  分鐘，直至丸子呈現金黃色，然後
  在吸油紙上瀝乾。

コロッケ

POISSONS
魚

烤魚

2 人份

1 預熱烤箱至200℃。

2 秋刀魚（或鯖魚、或腓魚）魚肚清理乾淨、去鱗，放在鋪著烘焙紙的烤盤上。

3 在魚皮上抹鹽。放入烤箱中15至20分鐘，烘烤到一半翻面一次。搭配1/4顆檸檬、1/4根白蘿蔔磨成的泥、些許醬油一起端上桌。

鰹魚半敲燒：
炙燒鰹魚片

KATSUO

鰹のたたき の作り方

1 磨碎生薑。

2 把鰹魚菲力擺在烤肉網上，直接以火焰炙燒，將魚片的每一面都烤脆即可（幾秒鐘就夠了）。

3 把魚片浸入冰水。

4 用生魚片專用刀把魚切片。

5 將魚片盛入盤中，飾以白蘿蔔泥、生薑泥、紫蘇葉、蔥花。配著柚子醋（見P.85）一起吃。

AUTOUR DU SOJA
大豆

千年來大豆這種食材就在日本料理中擔任要角。它是極富營養的蔬菜，以大豆為基礎，還能製造出風味獨特的產品。尤其是發酵製品，味噌與醬油──富含知名的「旨味」，即第五種味道，賦予菜餚深度。此外更有各種大豆製品，都是日本菜餚中最知名、最具特色的。

大豆製品

木棉豆腐
質地堅硬，可以切成塊狀來煎。

絹豆腐
顧名思義，就像絲綢一樣光滑，口感像奶酪。

炸豆腐皮
將豆腐切薄片油炸而成。用來製作稻荷壽司，或煮湯。

豆漿
由黃豆跟水製成的飲料。

油豆腐
油炸過的厚片豆腐，常用在燉煮的鍋類料理中。

豆腐皮（湯葉）
煮豆漿時表面凝結的豆皮。

凍豆腐
冷凍後乾燥的豆腐，質地像海綿，常用於禪寺的精進料理中。

納豆
黃豆煮熟發酵的製品，口味強烈鮮明。

豆渣
煮豆漿之後濾出的豆渣。

黃豆粉

大豆炒熟後磨粉而成，
常撒在甜點上，如大福
或麻糬。

醬油

著名的調味料，也是日本
料理的重要元素。由大
豆、小麥、水與鹽製成。

味噌

發酵過的豆醬，材料通常
為：大豆、鹽、大麥或米，
是味噌湯不可缺的材料。

豆腐 *tofu*
à la maison

自製豆腐

1 將大豆在水中浸泡一個晚上。然後與
　足量的水一起絞碎，製成「豆漿」。

2 以文火熬煮豆漿30分鐘，至沸騰。

3 濾出豆渣。

4 再次加熱豆漿。取一小杯，將氯化
　鎂溶進少許的水中，倒進熱豆漿
　中（4g氯化鎂配上1公升豆漿）拌
　勻，豆漿即將凝固，蓋上蓋子，靜
　置15分鐘。

5 將凝結的豆漿倒入模型裡（需有洞
　眼），蓋上薄布，然後在上面壓上重
　物。瀝乾水分約20分鐘。

6 將豆腐脫模，泡進冷水中約15分
　鐘，使其降溫再變硬。完成！

SHABU-SHABU
涮涮鍋

「Shabu-shabu」（しゃぶしゃぶ）是狀聲詞，也就是用筷子夾著肉片、在火鍋裡涮肉所發出的聲音。這是日本、中國典型的火鍋料理。重點就是在桌子的正中央擺著一爐滾熱的鍋，吃的時候依序燙熟蔬菜跟切成薄片的牛肉。

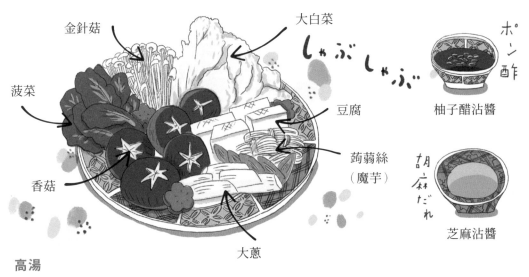

金針菇
大白菜
菠菜
しゃぶしゃぶ
ポン酢
柚子醋沾醬
豆腐
蒟蒻絲（魔芋）
香菇
胡麻だれ
芝麻沾醬
大蔥

高湯
在陶鍋中放滿水，放1塊昆布進去，浸泡30分鐘，開火煮至水面顫抖，在沸騰前取出昆布。

肉
在日本，使用和牛（日本國產牛肉）的涮涮鍋可以是一道非常高級的料理，理想的是使用和牛的五花肉，肉片會在嘴中融化。選擇部位時，可以選牛腩或腰眼肉。重要的是要切成薄片（也可以預先冷凍肉塊，才方便切成薄片），涮肉片時只要燙一下就好（幾秒鐘就夠了）。也可以選用豬肉片。

沾醬
涮涮鍋可以選擇兩種不同的醬料，一是芝麻沾醬（見P.25食譜），一是柚子醋沾醬（見對頁食譜）。

しゃぶ しゃぶ

上桌吃火鍋時，一點一點地把蔬菜放入鍋中，然後把肉片跟豆腐也放進鍋中燙熟，用小碗裝芝麻沾醬或柚子醋沾醬，吃之前把燙好的食材放進小碗沾一下。

250ml 的柚子醋沾醬，前一個晚上就準備好

1. 在廣口瓶中放入1把柴魚片（或乾香菇，可以在亞洲超市買到）、5公分的乾燥昆布、150ml的醬油、100ml的黃檸檬汁、50ml的柑橘汁、4湯匙的味醂（帶甜味的調味料酒、烹飪用）。

2. 將廣口瓶蓋好，放入冷藏室浸泡一夜，隔天過濾即可。

SUKIYAKI & ODEN
壽喜燒、關東煮

壽喜燒

這道傳統料理的食材跟涮涮鍋（見P.84）一樣，同樣是依序將蔬菜與牛肉薄片放入桌上的火鍋裡燙熟，不同的是，涮涮鍋是以一鍋高湯來清燙食材，壽喜燒則是以鹹鹹甜甜的壽喜燒醬汁來煨熟食材，醬汁食譜見附如下。這道料理的一大特色是，在把蔬菜跟肉片送入口中之前，要先在打勻的生蛋液裡沾一下。

壽喜燒醬汁

1　取100ml的醬油、100ml的味醂、50ml的清酒、50ml的水、4湯匙的砂糖，放入小鍋內煮沸，攪拌均勻使砂糖溶解，離火備用。

2　在燉鍋中倒入少許油，然後加入些許壽喜燒醬汁，並放入蔬菜跟肉片燉煮。

3　上菜時，分給每個人1個小碗與1個雞蛋，讓大家將雞蛋打入小碗中，輕輕拌勻，然後依序取用自己想吃的食材，沾過蛋汁再品嘗。

4　配上1碗白飯。

關東煮：日式火鍋

4人份

おでん

小妙招 | 在法國難以找到魚板、年糕等物，你當然也可以使用其他食材，譬如肉丸，甚至更簡單的馬鈴薯或紅蘿蔔。

1 準備福袋豆腐：取2個油豆腐皮，對切。將它們在裝滿滾水的鍋子裡燙一下，去除多餘的油脂，瀝乾。將2塊年糕對切，然後把小塊年糕裝入切半的豆腐皮中，然後以牙籤或熟菠菜的梗把福袋豆腐封起來。

2 取一燉鍋，倒入1.2公升的日式高湯、2湯匙的清酒、2湯匙的味醂、6湯匙的醬油，煮至沸騰。

3 取1/2根白蘿蔔，切成厚片。取160g的蒟蒻條（魔芋）、200g較硬的豆腐切成大塊、4個水煮蛋，放入前項鍋中，文火燉煮約5分鐘。再加入4個竹輪（一種魚漿製品）切半、4個牛蒡捲（牛蒡魚漿捲），以及4個福袋豆腐。蓋上鍋蓋繼續燉煮40分鐘，在煮好前的幾分鐘，放入一把熟的菠菜。

4 直接把燉鍋端上桌。每個人取用自己喜歡的食材及高湯，配著芥末醬與辣椒粉一起吃。

AUTOUR DES ALGUES

 藻類

藻類入菜，以日本最盛。藻類有豐富的礦物質、維他命、蛋白質，常見以乾燥者爲多。

海苔

需求量最多的藻類，因爲它被用來做知名的海苔壽司捲。海苔被製成海苔片上市，必須小心取用，最重要的是不能受潮。

寒天

天然的食物凝膠，提煉自紅藻。它因更健康而被用來取代動物性凝膠。爲了要讓它發揮凝結的特性，需要先煮沸幾秒鐘。

海帶芽

它是味噌湯跟大多數沙拉裡的常客，以乾燥的形態販售，使用前必須泡水還原。

昆布

昆布是大部分日式高湯跟醬料的基礎。市面上主要以乾燥的昆布爲主，呈片狀或棒狀，將它浸泡在水中，即可製作知名的日式高湯（見P.22）。

羊栖菜（鹿尾菜）

這種小小的藻類以乾燥的形態販售，必須泡水還原再煮過才能吃。在日本，它主要是拿來跟其他的蔬菜一起燉煮。

和布蕪

和布蕪跟海帶芽是同一種海藻，和布蕪是莖梗、靠近根部的地方，海帶芽則是葉子。和布蕪通常以新鮮的形態販賣，已經切好、調味過。可以配著白飯一起吃。

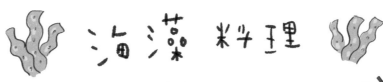

海藻 料理

醋拌海帶芽沙拉

1 在小黃瓜薄切片中拌鹽。

2 乾燥的海帶芽放入一碗冷水中，泡水還原。

3 製作醬料：米醋、醬油、糖、鹽。

4 用手擠掉小黃瓜薄片的水分。

5 把瀝乾的海帶芽、小黃瓜、醬料攪拌在一起。完成！

わかめときゅうりの酢の物

昆布の佃煮

昆布佃煮：海帶調味醬

1 泡水還原的昆布150g切絲，取一小鍋，放入昆布絲、50ml的水、3湯匙的醬油、1湯匙的味醂、1湯匙的清酒、1湯匙的糖、1/2湯匙的米醋、1小匙的芝麻油。

2 煮至沸騰後，繼續以文火燉煮到水分收乾。

3 水分收乾時，加入熟芝麻粒。

4 昆布佃煮可以冷藏保存數個星期，隨時用來搭配白飯。

TEPPANYAKI
鐵板燒

就像日本版的鐵板BBQ，顧名思義是在一塊不鏽鋼板上快速料理食材。在日本，為數眾多的鐵板燒餐廳讓主廚站在客人面前做菜。鐵板燒餐廳在走出日本後，將此概念更進化了一點，最後變成在你眼前上演鐵鏟與尖刀的芭蕾。

鐵板燒食材

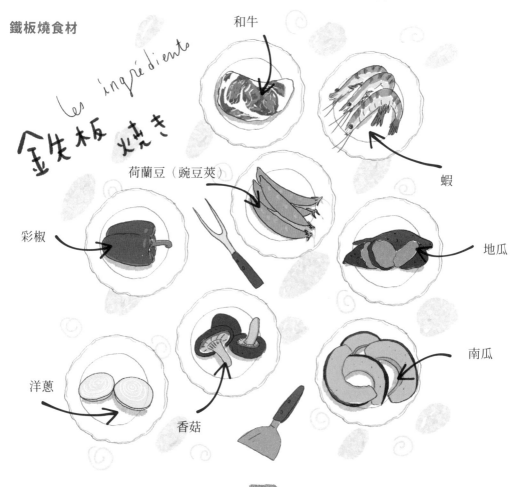

和牛

蝦

荷蘭豆（豌豆莢）

彩椒

地瓜

南瓜

洋蔥

香菇

ソース 胡麻 芝麻

烤肉醬

切碎1/4個洋蔥，在鍋裡用大火加熱，直到洋蔥出水沸騰，加入3湯匙的醬油、3湯匙的味醂、2湯匙的清酒、1.5湯匙的細砂糖。使其沸騰1分鐘，離火，加入1瓣大蒜（碾碎）及1湯匙的芝麻粒。

蔥、辣椒

辣醬

在鍋裡放入1湯匙的辣椒醬、2公分的薑（碾碎）、1瓣大蒜（碾碎），加入3湯匙的醬油、2湯匙的味醂、1/2湯匙的芝麻油、2湯匙的細砂糖。用大火加熱，使其沸騰1分鐘，離火，切碎一根青蔥，摻入。

季節の伝統料理

主題料理篇

CUISINE PAR THÈME

日本人的生活節奏受到季節變遷與傳統祭典的影響，自然也塑造他們的飲食習慣。因此，人們春天時在櫻花樹下吃便當；在濕熱的夏天吃冷蕎麥麵；秋天楓葉染紅時，吃著令人讚嘆的烤松茸；冬天時，則在泡過天然溫泉後吃熱呼呼的火鍋料理。然而一整年中，無論何時，我們都可以享受路邊小吃的美味，或在居酒屋裡把酒言歡。

ししとう 羊角椒

トマトベーコン 培根番茄捲

STREET FOOD & YAKITORI
路邊攤、烤雞肉串

日本以高雅的料理聞名，但也是路邊攤大國。舉行祭典時少不了路邊攤的小吃，也有些大城市（如九州的福岡）擁有整區的小吃街，這些流動攤販被稱爲「屋台」，供應多樣受歡迎的小吃，如章魚燒（見P.97）、炒麵（見P.71）、拉麵（見P.60）或更知名的烤雞肉串（見對頁）。

賣烤雞肉串的屋台

烤雞肉串

烤雞肉串發源於日本，可說是用小竹籤串起來的BBQ，能讓人吃得津津有味，而且按例沾上了特製的同名醬汁：「烤雞肉串醬」。傳統上，烤雞肉串應該是雞肉做的，但也有不少變化，如蔬菜、或不同肉類的串烤。

YAKITORI
焼き鳥

烤雞肉串

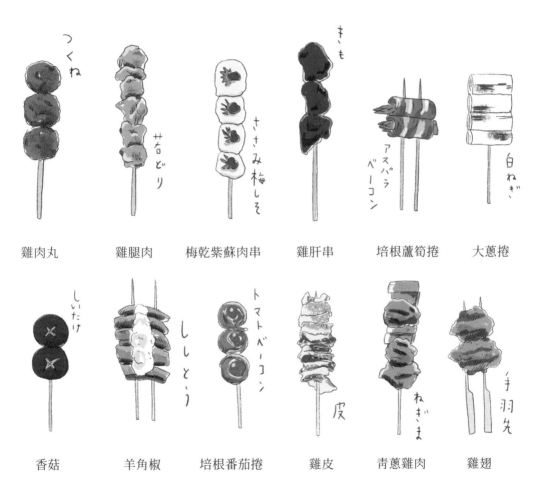

つくね
雞肉丸

サロどり
雞腿肉

ささみ梅しそ
梅乾紫蘇肉串

きも
雞肝串

アスパラベーコン
培根蘆筍捲

白ねぎ
大蔥捲

しいたけ
香菇

ししとう
羊角椒

トマトベーコン
培根番茄捲

皮
雞皮

ねぎま
青蔥雞肉

手羽先
雞翅

95

OKONOMIYAKI
大阪燒

お 好み 焼き
Okonomiyaki

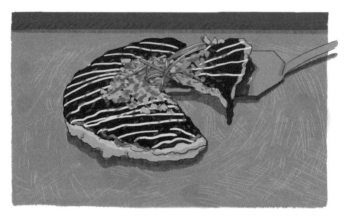

小麦粉

麵粉

たまご

雞蛋

せんぎり キャベツ

包心菜

薄切り豚肉

豬肉片

マヨネーズ

美奶滋

可製作1份

1 將4薄片的豬五花切成細絲，放入煎鍋中，用中火煎約3分鐘，不必額外添加油脂。

2 在碗中拌勻100g的白麵粉、1個雞蛋、100ml的日式高湯（見P.22）。加入前項的五花肉、100g的包心菜絲、1支切碎的青蔥。

3 預熱塗過油的平底鍋（或鐵板），將麵糊注入，使用鐵鏟將麵糊攤平，就像做可麗餅一樣，大火加熱3分鐘，然後將麵餅翻面，用中火再繼續加熱5分鐘。

4 將麵餅重新翻面，繼續加熱5分鐘。最後一次翻面，再繼續煎約3分鐘。

5 在煎好的大阪燒上塗滿大阪燒醬汁（見P.17），與一些日式美乃滋，並飾以柴魚片（乾燥鰹魚刨花）、紅薑絲、青海苔粉。

TAKOYAKI
章魚燒

顧名思義，章魚燒就是「烤章魚」，一個個小麵團中填滿了章魚，用美乃滋跟鹹鹹甜甜的章魚燒醬汁（跟大阪燒醬汁很像）調味。這是大阪的名產，也是日本街頭小吃的代表作。自家製章魚燒的食譜如下，但得有章魚燒的鐵板才做得成。

た こ 焼 き
ta ko ya ki

1 取大鉢，混合100g的麵粉、300ml的日式高湯（見P.22）、20ml的牛奶、1/2湯匙的糖、1小撮鹽。

2 將章魚燒鐵板加熱。在鐵板凹洞中倒入調好的麵糊，然後分配餡料（熟章魚、紅薑絲、天婦羅的麵渣、蔥花），把餡料放在麵糊的正中央。當麵糊烤到一半的時候（大約2分鐘左右），用金屬籤將每個凹洞裡的麵糊翻過來（這需要一點練習！）。品嘗這些小圓球時，佐以章魚燒醬汁、丘比美乃滋和綠色的海苔粉吧。

IZAKAYA
居酒屋

懸掛在居酒屋入口處的燈籠跟門簾極具識別性，你絕不會錯過它們。在日本，居酒屋給了我們沉浸在日本文化中的獨特經驗！顧名思義，它是「有酒的居所」，居酒屋不僅是受歡迎的餐廳，氣氛活潑，還可以跟朋友、同事們一起分享美食，並且少不了來一杯啤酒或清酒。居酒屋供應的菜餚豐富而且多元，既有傳統也有創新，可以各自選用小盤的菜餚，名副其實地像在吃日式的Tapas，也可以眾人開心地分享同一道美味的菜餚。

我們光顧居酒屋多半是為了覓食、為了享受不同的菜色、為了與朋友碰杯。居酒屋能滿足多種樂趣，除了去吃我們喜歡的美食，還可以找到新的菜色。

かんぱい（Kanpai）乾杯！

在日本，我們用「乾杯」來代替「tchin-tchin」（請、請），在日本，法語中慣用的「請、請」會引來哄堂大笑，因為跟日語的「小雞雞」同音！

おしぼり（Oshibori）熱毛巾

在居酒屋入座後，慣例先點飲料，這時店家會送來熱毛巾。熱騰騰的濕毛巾先用來擦臉然後擦手，讓你在度過一整天之後，再次神清氣爽！

かんぱい

TOP 10 DES PLATS DE iZAKAYA
居酒屋十選

居酒屋

第一名：炸豆腐　揚げ出し豆腐

4 人份

1　準備醬汁：在鍋中注入150ml的日式高湯（見P.22）、3湯匙的醬油、2湯匙的味醂、1小撮鹽，在文火上加熱約10分鐘，使其濃縮。

2　將400g的絹豆腐（準備時間約2小時）切成4塊。裹上馬鈴薯粉。

3　熱一大鍋油，再投入裹滿馬鈴薯粉的豆腐塊，炸至豆腐呈漂亮褐黃色，然後撈起，放在吸油紙上瀝乾。

4　炸好的豆腐放入碗中，淋上醬油，並且以白蘿蔔絲、生薑泥、蔥花、柴魚片（乾燥鰹魚削片）裝飾之。撒上七味唐辛子粉（含7種香辛料）。

其他小菜

玉子燒
日式煎蛋捲

（見P.52）

可樂餅
馬鈴薯可樂餅

（見P.79）

毛豆
未熟的大豆，
水煮後用鹽調味過

烤雞肉串
雞肉跟蔬菜的串烤

（見p.95）

唐揚雞
入味的炸雞塊

羽先
炸雞翅

馬鈴薯沙拉
馬鈴薯拌小黃瓜的
美乃滋沙拉

飯糰
飯糰

（見食譜P.47）

冷奴豆腐
調味、冰鎮過的絹豆腐

（見P.107）

LE NOUVEL AN : OSECHI-RYORI
新年 : 年節料理

「御節料理」也就是新年料理。所有的菜色都是事前準備好的，盛裝在傳統的多層便當盒，一種叫做「重箱」的食器中。每道菜、每種材料都有一種吉祥的意思。

御節 料理

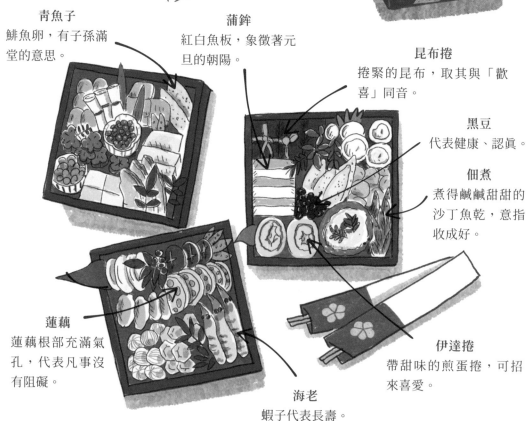

青魚子
鯡魚卵，有子孫滿堂的意思。

蒲鉾
紅白魚板，象徵著元旦的朝陽。

昆布捲
捲緊的昆布，取其與「歡喜」同音。

黑豆
代表健康、認真。

佃煮
煮得鹹鹹甜甜的沙丁魚乾，意指收成好。

蓮藕
蓮藕根部充滿氣孔，代表凡事沒有阻礙。

海老
蝦子代表長壽。

伊達捲
帶甜味的煎蛋捲，可招來喜愛。

お雑煮

雜煮

用來慶祝新年的雜煮，以高湯為底，加上蔬菜、年糕，有時也加肉類。糯米年糕是新年必吃的一樣祝賀料理，可以煮來吃也可以烤來吃，日本各地有不同做法。

お酒

屠蘇酒

品嘗「御節料理」之前，先飲用新年的第一杯清酒，象徵著一年之初、一切都煥然一新，也預示著整年份的健康。全家人聚在一起，輪流喝一小口屠蘇酒（從年紀最小的成員開始，依次輪到年紀最大的成員為止），這是個淨化與祈求健康的儀式。

年越しそば

新年蕎麥麵

寫成「年越しそば」，顧名思義就是過年吃的蕎麥麵。在除夕夜享用水煮過的樸素蕎麥麵，是在日本實行已久的傳統。據信能在新年中保持身輕體健，麵條上只加了點切碎的青蔥，或配著魚板一起吃。

LE PRINTEMPS 春

日本的春天與櫻花密不可分，櫻花樹開花時，全日本都進行「花見」活動，與花開的知名盛況互相匹配的，就是賞櫻的人潮。賞櫻時人們大多坐在櫻花樹下野餐，與朋友、家人或同事同樂。

お花見

清酒

櫻餅

春日便當

賞櫻時我們會吃便當（見P.50）同時飲用（大量的！）啤酒或清酒。此時應景的甜點是櫻餅，是種麻糬（見P.118）包著紅豆餡（見P.116），染成淡淡的櫻粉色，用醃漬過的櫻花葉包著，能喚起櫻花的回憶，非常美味。

調理新鮮的竹筍

將削皮後的竹筍放入大量的水裡煮熟（最理想的情況、是用富含澱粉的洗米水來煮），至少煮上1.5個小時再試吃。煮好的竹筍可以直接吃，或拿來做別的菜。

「旬」對日本料理來說是個很重要的觀念，尤其在春天，這個字指的是植物的盛產期。竹筍（竹之子）五月初從地面冒出鼻尖，這正是它們很快就會竄出泥土的時間點。

燉竹筍

將1隻大竹筍切成8等分，把5g的柴魚片裝進泡茶用的濾袋中，筍塊跟柴魚片一起放入鍋內，加入600ml的高湯（見P.22）、4湯匙的醬油、4湯匙味醂。煮滾後轉溫火熬煮30分鐘，然後任其在醬汁中冷卻。當溫度降至室溫後食用。

竹筍炊飯

這道菜正如字面上單純，「竹筍炊飯」是將預先煮熟的竹筍跟生米放在調味過的高湯、清酒、味醂中一起炊熟的美味。

L'ÉTÉ 夏

這是個節慶感強烈的季節，夏天充滿了祭典與煙火大會。祭典很受歡迎，日本幾乎到處都有當地專屬的祭典，人們穿著浴衣（夏季和服）參加祭典，除了玩樂，更為了去逛眾多的小吃攤，品嘗路邊的小吃。日本的夏季炎熱又潮濕，人們渴求的是清涼、開胃的零食。

かき氷

刨冰

這種以糖漿染上鮮豔顏色的冰屑是祭典上一定要品嘗的冰品。刨冰是大冰塊放進刨冰機挫成的，加上簡單的配料，成品充滿空氣感，近似雪花！

冷豆腐

將1塊絹豆腐切成4等分。在表面撒上切細的青蔥、生薑絲、柴魚片（乾燥的鰹魚刨花），淋上柚子醋（見P.85），或一點醬油。

冷やっこ

素系麦面

素麵

在沸水裡將素麵燙熟，所需時間請依照包裝上的指示。然後把煮熟的素麵放在有冰塊的冷水裡放涼再濾乾。食用時配上「藥味」（指薑絲、茗荷絲、蔥花等物），然後把素麵放在麵露（見P.67）裡沾著吃。

L'AUTOMNE 秋

紅葉（楓葉）繽紛了日本的秋天，全國都被紅色與黃色覆蓋。為了賞楓，堪比春天時賞櫻，欣賞楓紅的熱潮在秋天達到高峰，同時我們也在餐盤上找尋秋天的色彩：柿子、南瓜、香菇，甜點屋甚至推出了楓葉狀的甜點！

柿子

日本的代表性水果。秋天一到，鄉間的柿子樹就結滿了黃色的果實。柿子的品種繁多，但在日本大部分都是沒有澀味、不需要冷凍才吃的品種。柿子同樣能經由乾燥後長期保存，以便在接下來的一整年內都能吃得到。柿子乾是種甜點，常跟茶一起品嘗。

烤松茸

松茸

日本料理可以滿足喜歡菇類的人，愛菇人應該已經熟知鴻禧菇、椎茸、金針菇、滑菇、松茸。其中菇之王者就是松茸，顧名思義，它生長在松樹林中，它的稀有性以及緻密的質地使它相對地顯得昂貴高雅。它可以跟米一起炊煮，也可以做成天婦羅、鐵板燒、湯品。或只是簡單的烤過，加上一點酸桔（日本產的檸檬）。

かぼちゃ

南瓜

日本的小南瓜外皮呈現綠色，質地彈牙，帶有栗子的口感，可鹹可甜，可用於沙拉、燉煮或炸成天婦羅。最常出現在鍋類料理中，例如「南瓜肉燥」是用高湯與雞絞肉燉煮南瓜塊，再用醬油、味醂、清酒、砂糖調味而成。南瓜燉煮融化後，會增添湯汁的濃度，類似馬鈴薯粉勾芡的效果。

もみじ饅頭

楓葉饅頭

饅頭是日本知名的甜點，如同大部分的日本甜點，饅頭填的是紅豆餡（見P.116）但不同於麻糬是用糯米皮，饅頭的外皮是小麥粉捏製的。楓葉饅頭的外型就跟楓葉一樣，是宮島（屬廣島縣的一個島）不可錯過的當地名產。

L'HIVER 冬

日本的冬天有可能很嚴峻，尤其在北方，東北地區跟北海道都會下雪。爲了暖身，泡溫泉是個好方法。因火山地熱湧出的溫泉遍布群島，在雪中泡湯，環抱自然美景，是種獨特的經驗，希望大家都去享受一次。

溫泉蛋

用溫泉煮蛋的傳統方法，時常在早餐時提供。烹煮的關鍵在於溫度，大約70℃上下的水會讓水煮蛋的蛋白保持質地滑嫩，而蛋黃凝結。

烤番薯

石燒き芋

日本番薯又叫做薩摩薯，吃起來很鬆軟，幾近融化，又很甜。現在街上還有小販喊著「烤番薯！」的叫賣聲招徠客人。他們賣的烤番薯表皮又燙又焦，一個個包在報紙裡頭。

蟹鍋

螃蟹鍋

吃鍋可以暖身，鍋可以指燉菜、日式火鍋（涮涮鍋）、鍋燒麵、關東煮等。每個地區都有自己的螃蟹鍋，北海道有帝王蟹鍋，這是當季美味，將著名的帝王蟹放在柴魚高湯中跟時鮮蔬菜一起煮，最後建議加上白飯與蛋汁，煮成充滿蔬菜、蟹肉的螃蟹粥，人間美味！

和菓子 と 飲み物

甜點與飲品篇

PÂTISSERIES ET BOISSONS

傳統甜點（和菓子）就像眾多寶石在珠寶盒中閃耀，日本的審美觀追求貼近自然，因此他們的發想主題時常跟隨四季變化，借由色彩、質地跟形狀，在甜點上重現日本的花草。為了品嘗和菓子的精緻與美味，建議與綠茶一起享用，以抹茶最佳，這種粉狀的綠茶也是日式茶會的主角。

WAGASHI
和菓子

傳統日式甜點被稱爲「和菓子」，（和＝日式，菓子＝甜點）。這些小甜品極爲美麗，先欣賞它們的外觀，再品嘗它們細緻的滋味。

和菓子

春、和菓子

 櫻練切

 榨練切

 櫻饅頭

夏、和菓子

 金魚寒天

 夏練切

 團扇

秋、和菓子

 栗羊羹

 紅葉

 牡丹練切

冬、和菓子

 冬之葉

 冬練切

 兔饅頭

冬練切

1 在大碗中混合15g糯米粉、8g糖粉、200ml水。

2 加入250g白豆沙（見P.116紅豆沙的做法，將紅豆換成白豆即可），然後在鍋子裡加熱混合物，直到不再黏手，即是白色「練切」。

3 將練切分成兩半，用幾滴食物染劑，將其中一團染成紫色，滴入染劑後要不斷揉勻。

4 另一團染成綠色。

5 分別將綠色及紫色練切壓過篩網，得到像細麵條般的雙色練切。

6 取160g白豆沙，做成8個約20g的小團，然後將紫色跟綠色練切輕柔地堆在白色小團上，就完成了。

DORAYAKI
銅鑼燒

紅豆沙餡

製作紅豆餡（赤小豆製紅豆沙）

1 將500g的紅豆浸在大量的冷水中，至少泡12個小時。

2 淘洗並瀝乾泡好的紅豆，放入鍋中，再加入適量的水，煮沸後將水濾掉。

3 接著，再次將煮過的紅豆放入鍋中，加入至少2倍的水，一起煮沸後，至少再繼續加熱1.5至2小時，期間必須不時查看，並視需要加以攪拌。

4 當紅豆完全煮熟、並能輕易以兩指捏碎時，濾掉水分。

5 將紅豆粒過篩（金屬篩），或用蔬菜磨泥機打碎。結果會是「一大鍋」。

6 將紅豆泥放進厚底的鍋子裡，加入360g的糖，然後加熱，在鍋中不斷拌炒10分鐘，最後你會得到媲美栗子泥的紅豆餡。

銅鑼燒食譜

ドラ焼き

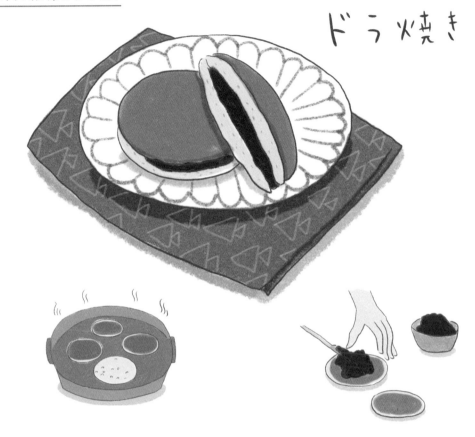

1 　在沙拉缽裡打散2個雞蛋，加入70g糖、1湯匙蜂蜜、1小撮鹽。

2 　在1湯匙的水中，融入1小匙的酵母粉，然後加入沙拉缽中打勻。篩入140g的麵粉。

3 　在平底鍋中加熱一點油，然後舀入麵糊，煎出一個個金黃色的小鬆餅。

4 　在鬆餅上抹紅豆餡，然後輕輕地把第二個鬆餅蓋上，壓在一起。

5 　重複這個動作直到所有的鬆餅都用完為止。

6 　放涼後再吃，或是包上保鮮膜保存。

DAIFUKU
大福

大福是日本料理中最受好評的甜品。它有糯米麻糬做的外皮，填著紅豆餡（見P.116），
是一種很容易在家裡做出來的甜點。

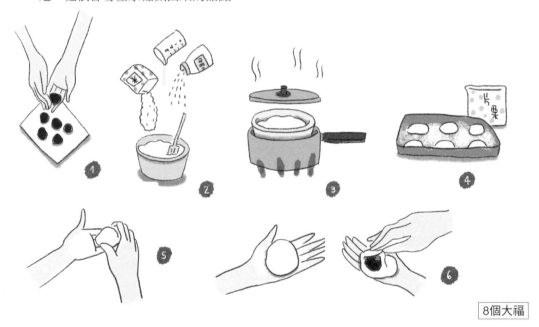

8個大福

1 將200g紅豆餡分成8份，揉成8個小圓球，放在冰箱冷藏備用。

2 在大碗中混合100g的糯米粉、50g糖、100ml水。

3 在蒸鍋裡把水燒滾，然後將大碗放在蒸鍋裡，蓋上蓋子，用大火蒸15分鐘。

4 篩出一些太白粉，撒在工作檯上，用矽膠匙將蒸好的糯米糰刮到案板上，然後篩出更多太白粉撒
   在糯米糰上，不必猶豫是否撒了太多，因為糯米糰很黏！然後將糯米糰分成8份。

5 取一團糯米糰在你的手上攤平。

6 將一球紅豆餡放在糯米皮上，然後包起來。重複這個動作，把剩下的7個大福都包好。

不同口味的大福

紅豆大福

經典款（對頁附食譜）。

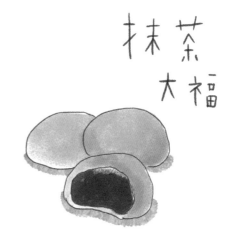

抹茶大福

在白糯米糰中摻入1/2湯匙的抹茶粉即可。

冰淇淋大福

將紅豆餡換成一球冰淇淋（抹茶、草莓、黑芝麻冰淇淋⋯⋯）。

草莓大福

將整個草莓包在白豆沙餡裡面。

LES BOISSONS
飲品

自動販売機

日本人喝最多的飲料是茶和氣泡水，還有我們想像不到的各式飲品，都可以在街角的自動販賣機找到！日本人主要消費的酒精飲品是啤酒，當然還有著名的清酒（見P.124）。

自動販賣機

日本茶

  玉露

玉露

此名暗喻玫瑰色的珍珠，是種常見的好茶。

  抹茶

抹茶

著名的茶會就是使用這種綠茶粉來泡茶。

  玄米茶

玄米茶

綠茶混合了炒過的糙米。

  煎茶

煎茶

最著名也最常見的日本茶，因為它是兩種日本名產的共演。

  ほうじ茶

烘製茶

將茶葉以200℃烘焙過再放涼，這麼做增添了一股芳香。

  くき茶

莖茶

用茶梗跟茶樹細枝做成的茶，有時也含有一定比例的葉片在內。

不同種類的飲料

抹茶ラテ

抹茶拿鐵
抹茶版的卡布奇諾。

むぎ茶

麥茶
烤過的大麥熬成的茶。

カルピス
ウォーター

可爾必思
乳酸飲料。

ラムネ

彈珠汽水
日式汽水。

冷たい緑茶

冰綠茶

ビール

啤酒
日本消費最多的酒精飲料。

柚子酒

柚子酒
柚子釀的酒精飲料。

酒

清酒
白米釀成的酒
（見P.124）。

威士忌

威士忌
日本釀的威士忌品質極佳。

ウィスキー

梅酒

梅酒
梅子釀的酒。

焼酎

燒酒
由米、麥或番薯釀成。

LA CÉRÉMONIE DU THÉ
茶道

日本茶道是門傳統藝術，16世紀時，千利休禪師將茶會中沏茶飲茶的儀式變成了具體的藝術行為，稱為茶道。茶會定期在鋪滿榻榻米的特殊空間中舉行，與會者（至少五位）必須正坐（屈膝坐在自己的腳跟上）。茶會常常在寂靜中持續好幾個小時，茶會就像一種沉思的儀式，並且體現以下四種要義：

和：諧和　　淨：純淨　　敬：尊敬　　寂：寧靜

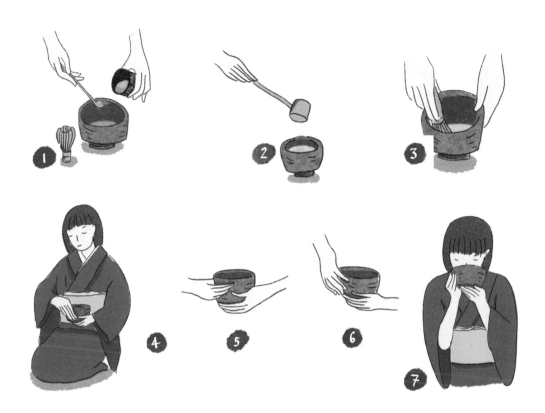

茶道步驟

1 以茶勺取出適量的抹茶粉，放入茶碗中。

2 用特製的竹勺舀入熱水。

3 以一種稱為「茶筅」的竹刷正確又快速地攪打抹茶。

4 攪打完成的抹茶是漂亮的綠色，帶著少許泡沫。然後將茶碗擺在客人面前。

5 客人端起茶碗，置於左掌掌心，以右掌扶著茶碗。

6 客人把茶碗置於左掌上，以右掌順時針轉動茶碗二、三次。

7 客人會兩口再半口地把抹茶喝完。直到飲完最後一滴，才把空碗放回原位。

LE SAKÉ
清酒

清酒就是「日本酒」，也是日本的代表性飲料，可說是米製的葡萄酒。由米粒發酵釀成，是種風味細緻的飲品，酒精濃度在14度到17度之間，恰好比葡萄酒高了一點。

清酒大多冰涼後飲用（我們才能品味它細緻的香氣），但同樣能加熱約至40℃飲用（尤其在冬天）。

熱清酒　　　　　冷清酒

剛脫殼的白米　　精米步合

脫殼的米粒

釀清酒用的米不同於我們一般當主食吃的米，釀酒用的米會被磨得只剩下米心部分，「精米步合」就是米粒研磨後保留的百分比，百分比越低，清酒的品質越好。

純米	吟釀	大吟釀
70%	60%	50%
純米	吟釀	大吟釀

「精米步合」70%所釀的叫做純米酒，60%叫做吟釀，50%或以下的稱為大吟釀。

釀酒步驟

有4個要點決定了清酒的品質：米質、精米步合、水質、釀造過程。

1 研磨穀粒（精米）、洗米。

2 蒸熟米粒。

3 取一部分蒸好的米飯，添加酒麴，然後封存2天，便得到麴米。

4 將麴米跟水、酵母混合，這是為期2週到1個月的初次發酵，最終得到酒母。

5 再次將酒母跟麴混合，加入水、以及其餘蒸好的米飯中，這次主要發酵歷時約1個月，得到酒醪。

6 酒醪凝結。

7 清酒殺菌。

8 清酒裝瓶。

玄米　精米　洗米

蒸米

麴米

麴　水　酵母

酒母

酒醪

上槽

加熱　火入れ

瓶詰め　裝瓶

さけ

INDEX DES RECETTES
美食索引

國家圖書館出版品預行編目(CIP)資料

圖繪日本料理 / 作者 洛兒·琪耶(Laure Kié) 著.
貴志春榮(Haruna Kishi)繪. 盧慧心 譯.
-- 初版. -- 臺北市 : 大塊文化, 2020.10
128面 ; 16.8×21.47公分. -- (catch ; 259)
ISBN 978-986-5549-08-4 (平裝)

譯自 : LA CUISINE JAPONAISE ILLUSTRÉE
1.日本 2.食譜
427.131   109012646

catch 259

圖繪日本料理
LA CUISINE JAPONAISE ILLUSTRÉE

作者 洛兒·琪耶(Laure Kié)｜繪者 貴志春榮(Haruna Kishi)｜譯者 盧慧心｜主編 CHIENWEI WANG
｜法文編輯協力 Daphne Huang｜校對 簡淑媛、林貞嫻、劉珈盈｜設計 謝捲子｜總編輯 湯皓全｜出版
者 大塊文化出版股份有限公司｜10550台北市南京東路四段25號11樓｜www.locuspublishing.com｜讀
者服務專線 0800-006689｜TEL (02) 87123898｜FAX (02) 87123897｜郵撥帳號 18955675｜戶名 大塊文
化出版股份有限公司｜E-MAIL locus@locuspublishing.com｜法律顧問 董安丹律師、顧慕堯律師｜總
經銷 大和書報圖書股份有限公司｜地址 新北市新莊區五工五路2號｜TEL (02)89902588(代表號)｜FAX
(02) 22901658｜製版 中原造像股份有限公司｜初版一刷 2020年10月｜初版二刷 2022年9月

定價 新台幣320元
ISBN 978-986-5549-08-4

LA CUISINE JAPONAISE ILLUSTRÉE by Laure Kié & Haruna Kishi
© First published in French by Mango, Paris, France – 2019
Complex Chinese translation rights arranged through The Grayhawk Agency
Complex Chinese translation copyright © 2020 by Locus Publishing Company
All rights reserved